三裂叶豚草综合治理

SANLIEYE TUNCAO

ZONGHE ZHILI

崔建臣　张小利　主编

中国农业出版社
北　京

图书在版编目（CIP）数据

三裂叶豚草综合治理 / 崔建臣，张小利主编．—北京：中国农业出版社，2020．6

ISBN 978-7-109-26779-4

Ⅰ．①三…　Ⅱ．①崔… ②张…　Ⅲ．①豚草—除草　Ⅳ．①S451．1

中国版本图书馆 CIP 数据核字（2020）第 062313 号

三裂叶豚草综合治理

SANLIEYE TUNCAO ZONGHE ZHILI

中国农业出版社出版

地址：北京市朝阳区麦子店街 18 号楼

邮编：100125

责任编辑：魏兆猛　　文字编辑：赵钰洁

版式设计：杨　婧　　责任校对：吴丽婷

印刷：中农印务有限公司

版次：2020 年 6 月第 1 版

印次：2020 年 6 月北京第 1 次印刷

发行：新华书店北京发行所

开本：880mm×1230mm　1/32

印张：3

字数：77 千字

定价：50．00 元

编　委　会

主　编　崔建臣　张小利

副主编　段永恒　姚丹丹　刘　慧　李潇楠

编　者　（以姓氏笔画为序）

丁建云　于增华　刘　慧　孙艳艳

李金山　李潇楠　杨　文　杨得草

张小利　张建华　张新刚　张群峰

周长青　赵振霞　胡冬雪　胡学军

段永恒　姚丹丹　贾　宏　崔建臣

隗永江　潘洪吉　樊　渊

前言

三裂叶豚草（*Ambrosia trifida*）为外来入侵的恶性杂草，在我国北京、辽宁、新疆等地蔓延危害，对我国的生态环境、农牧业安全及国民的健康构成严重威胁。本书系统地介绍了三裂叶豚草的生物学特性、物候特性、繁殖特点以及适生环境；对三裂叶豚草的入侵机制、入侵路径和传播扩散途径进行了分析；介绍了三裂叶豚草对本地植物、土壤微生物的影响；明确了三裂叶豚草对人类健康、畜牧业、种植业和生态系统等的危害；提出了三裂叶豚草的物理、化学、生物防治以及检疫管控措施，并列举了北京市三裂叶豚草的综合防控和治理措施；对豚草花粉的形态特征、豚草花粉的监测、过敏人群分布、过敏原的种类以及影响致敏花粉的因素等进行了详细阐述。这些内容可供环保、农业、生态、医学相关专业人士参考。

编者多年来从事豚草防除技术研究与防控工作，总结了北京市近年来在三裂叶豚草综合防控上开展的工作和取得的成效，构建了人工割除、化学防除结合生物防治的三裂叶豚草综合治理技术体系，在北京市的三裂叶豚草的监测、检疫和应急防控中得到了广泛应用，效果显著；也体会到了豚草强大的入侵力和生命力，总结出了防除的难点，积累的防除技术可供其他地区三裂叶豚草的防控参考。

本书在编写过程中参阅了大量资料，在此对这些资料的提供者表示感谢。本书虽几易其稿，但由于作者水平有限，书中难免有疏漏差错之处，恳请读者批评指正。

编　者

2020年3月10日于北京

目 录

前言

第一章　三裂叶豚草的生物学特性 …… 1

一、三裂叶豚草的分类 …… 1
二、三裂叶豚草的形态特征 …… 1
三、三裂叶豚草的物候特性 …… 2
四、三裂叶豚草种子的休眠和萌发特性 …… 2
参考文献 …… 3

第二章　三裂叶豚草的发生 …… 8

一、三裂叶豚草的起源 …… 8
二、三裂叶豚草的生境 …… 8
三、三裂叶豚草的气候适生性 …… 9
四、三裂叶豚草的分布 …… 9
参考文献 …… 13

第三章　三裂叶豚草的入侵与传播 …… 16

一、三裂叶豚草的入侵机制 …… 16
二、三裂叶豚草的传播 …… 22
参考文献 …… 23

第四章　三裂叶豚草的入侵危害 …… 24

一、三裂叶豚草对本土植物的危害 …… 24

二、三裂叶豚草对土壤生物多样性的影响 …… 25
三、三裂叶豚草对人类健康的危害 …… 26
四、三裂叶豚草对畜牧业的危害 …… 27
五、三裂叶豚草对种植业的危害 …… 27
六、三裂叶豚草对生态系统的危害 …… 29
七、三裂叶豚草的化感作用 …… 30
参考文献 …… 32

第五章　三裂叶豚草的综合防控 …… 33

一、三裂叶豚草的物理防治 …… 33
二、三裂叶豚草的化学防治 …… 34
三、三裂叶豚草的生物防治 …… 35
四、三裂叶豚草的检疫管控 …… 41
参考文献 …… 42

第六章　北京市三裂叶豚草综合防控和治理 …… 47

一、北京市三裂叶豚草的发生 …… 47
二、北京市对三裂叶豚草的化学防治 …… 47
三、北京市对三裂叶豚草的生物防治 …… 58
参考文献 …… 70

第七章　豚草植株及花粉过敏 …… 73

一、豚草花粉的形态特征 …… 73
二、豚草花粉的监测 …… 73
三、豚草花粉过敏 …… 77
四、展望 …… 84
参考文献 …… 85

第一章 三裂叶豚草的生物学特性

一、三裂叶豚草的分类

豚草属（*Ambrosia* sp.）属于菊科、管状花亚科、向日葵族，共有41个种，其中原产于北美洲的有31个种，南美洲有8个种，欧洲有1个种，非洲有1个种。入侵我国的豚草主要有两个种，分别为普通豚草（*A. artemisiifolia*）和三裂叶豚草（*A. trifida*）。三裂叶豚草又名大破布草，英文名为Giant ragweed、Great ragweed或Buffalo-weed等，是一年生直立草本植物。

二、三裂叶豚草的形态特征

三裂叶豚草（图1-1）为一年生草本植物，直根系，植株较普通豚草高大粗壮。株高可达250～300 cm，最小植株30～40 cm。茎（图1-2）绿色具纵条棱，密生直立硬毛，后期毛脱落，残留下瘤基，茎粗可达2.5～3.0 cm。三裂叶豚草的分枝大部分从植株的中上部长出分枝，发育好的有四级分枝，形成小乔木状的巨大植株，也有少量植株自基部长出数条粗壮的分枝，形成灌木丛壮（图1-3、图1-4）。叶片对生，有时互生，具叶柄，下部叶3～5裂，上部叶3裂或有时不裂（图1-5），裂片卵状披针形，顶端急尖或渐尖，边缘有锐锯齿。叶片有三基出脉，粗糙，叶正面深绿色（图1-6）、背面灰绿色（图1-7），两面被短糙伏毛。叶柄长2.0～3.5 cm，被短糙毛，基部膨大，边缘有窄翅，被长缘毛。

三裂叶豚草的雄头状花序占多数（图1-8），圆形，直径约

5 mm，有长 2～3 mm 的细花序梗，下垂，在枝端密集成总状花序（图 1-9）；总苞浅碟形，绿色，总苞片结合，外面有 3 肋，边缘有圆齿，被疏短糙毛；花托无托片，具白色长柔毛；每个头状花序有 20～25 朵黄色小花（图 1-10），长 1～2 mm，花冠钟形，上端 5 裂，外面有 5 条紫色条纹；花药离生，卵圆形；花柱不分裂，顶端膨大呈画笔状。雌头状花序簇生在雄花序基部的叶腋里，具 1 个无被能育的雌花；总苞倒卵形，长 6～8 mm，宽 4～5 mm，顶端具圆锥状短嘴，嘴部以下有 5～7 肋，每肋顶端有瘤或尖刺，无毛；花柱 2 深裂，丝状，伸出总苞的嘴部之外。成熟的瘦果倒卵形，无毛、棕色，藏于坚硬的总苞内。显微镜下三裂叶豚草的花粉粒表面具刺状纹饰，三孔沟，直径 15～20 μm。

三裂叶豚草每株可产种子约 5 000 粒种子（图 1-11、图 1-12），种子成熟后大多数落入土中，种子在土壤表面下 1～3 cm 深处发芽能力最强，8 cm 以下不能发芽，种子具有二次休眠特性，埋入土壤 40 年后依然能够萌发。

三、三裂叶豚草的物候特性

三裂叶豚草的全生育期约为 197 d，从出苗至现蕾约 146 d，从现蕾至开花约 16 d。依靠种子繁殖，种子一般在 4 月中旬至 5 月初萌发后大量出苗，可持续到 8 月（图 1-13、图 1-14）；营养生长期在 5 月初至 7 月中旬（图 1-15），蕾期在 7 月初至 8 月初，花期在 7 月下旬至 8 月末（图 1-16），果熟期为 8 月中旬至 10 月初（图 1-17）。

四、三裂叶豚草种子的休眠和萌发特性

三裂叶豚草的种子具有二次休眠和二次萌发特性，这种休眠特性有利于其种群延续和成功入侵。刚成熟的三裂叶豚草的种子在任何温度下给予光照或连续黑暗均不发芽，种子受低温诱导而发生休

眠，经过 4～5 ℃低温层积 8 周以上或经过冬季 1～3 个月的低温，可诱导种子发芽，经低温层积的种子在光照后发芽率显著高于持续在黑暗中的种子，黑暗中不发芽的种子则进入二次休眠，这种机制可保持有活力的种子来源的持续性。其种子休眠随生育地的纬度不同而有变化，纬度越高，种子成熟后进入休眠状态的比例越大，解除休眠所需要的低温层积时间越长。低温层积处理对解除三裂叶豚草种子休眠具有重要作用，不同休眠深度的种子解除休眠所需要的低温层积时间不同。三裂叶豚草种子的休眠机制可能由自身抑制物质和促进物质复合体所控制，休眠种子含有高水平的抑制物质，非休眠种子中这种平衡转向有利于促进物质产生，不同纬度地区的温度差异和低温层积时间以及长期室温贮藏的呼吸代谢过程可能对该平衡产生影响，改变种子的休眠状态。

三裂叶豚草种子发芽率随土壤深度的增加而降低，在土壤中，1～4 cm 深处的种子萌发最好，6～8 cm 深处的种子萌发率显著降低，而 10 cm 深处的种子几乎不出苗；土表种子发芽出苗存活率为 68%，而 10～15 cm 深处的幼苗存活率为 0，这说明三裂叶豚草易在受人为干扰的土壤中生活，在受人为干扰的环境中极易形成优势种群，一旦侵入新环境，生命力强，难以防除。

参 考 文 献

关广清，1990. 三裂叶豚草及其三种变型［J］. 植物检疫（2）：139-143.

李明，翟喜海，宋伟丰，等，2014. 外来入侵植物三裂叶豚草的研究进展［J］. 杂草学报（2）：33-37.

李素德，高东昌，关广清，1989. 豚草和三裂叶豚草的物候期［J］. 沈阳农业大学学报（3）：335-341.

王志西，刘祥君，高亦珂，等，1999. 豚草和三裂叶豚草种子休眠规律研究［J］. 植物研究，19（2）：39-44.

图 1-1　三裂叶豚草植株

图 1-2　三裂叶豚草的茎

图 1-3　分枝多的三裂叶豚草

图 1-4　三裂叶豚草的茎部分枝

图 1-5　三裂叶豚草的不裂叶片

图 1-6　三裂叶豚草的有裂叶片正面

图 1-7　三裂叶豚草的有裂叶片背面

图 1-8　三裂叶豚草的花序

图 1-9　三裂叶豚草的总状花序

图 1-10　三裂叶豚草的头状花序

图 1-11　大量三裂叶豚草种子

图 1-12　三裂叶豚草的种子

图 1-13　三裂叶豚草的幼苗

图 1-14　三裂叶豚草的苗期

图 1-15　三裂叶豚草的成株期

图 1-16　三裂叶豚草的花期

图 1-17　三裂叶豚草的结籽期

第二章 三裂叶豚草的发生

一、三裂叶豚草的起源

三裂叶豚草起源于美国西南部和墨西哥西北部交界地区的索诺拉（Sonoran）沙漠地区，最早记载可追溯到1753年林奈建立的豚草属。三裂叶豚草适生于各种干扰生境，喜光照，在郁闭度大的林下长势较弱，在草原地区也竞争不过根系庞大、盘根错节的多年生禾本科植物。在第四纪几次大的间冰期内，三裂叶豚草的分布区经历了几次扩张和收缩，冰期过后，形成了大面积的裸地，为三裂叶豚草的生长提供了适宜的生境。近二百年来人类活动创造出了大面积的干扰生境，随着人类活动，三裂叶豚草的种子被带到世界各地，三裂叶豚草入侵美洲以及欧洲和亚洲等地，使得种群得到大面积扩张。

二、三裂叶豚草的生境

三裂叶豚草生存能力强，对生存环境要求极低，可在各种环境下生存并繁殖，特别适生于近期受到过干扰、地表裸露的地方，喜肥沃、湿润土壤，易于侵入农田，主要分布于农田（图2-1、图2-3）、荒地（图2-4）、树林中（图2-5）、公路沿线（图2-6）、河谷河岸（图2-7）、路边（图2-8）、水沟、铁路沿线，以及受到人为干扰的地方如住宅区空旷地、垃圾场周围、村屯周围（图2-9）、城市小区、水库、湿地等。土壤pH达到8.5时三裂叶豚草仍能正常生长；三裂叶豚草喜湿，每次降雨后，都有三裂叶豚草出苗，可一直持续到8月中旬，并均可开花结实。

三、三裂叶豚草的气候适生性

我国地形复杂，气候各异，大致可分为以下 13 个气候带：①寒温带。湿润大区。②中温带。湿润大区、亚湿润大区、亚干旱大区、干旱大区、极干旱大区。③暖温带。湿润大区、亚湿润大区、干旱大区、极干旱大区。④北亚热带。湿润大区。⑤中亚热带。湿润大区。⑥南亚热带。湿润大区、亚湿润大区。⑦边缘热带。湿润大区、亚湿润大区。⑧中热带。湿润大区。⑨赤道热带。湿润大区。⑩高原温带。亚湿润大区、亚干旱大区。⑪高原亚热带。湿润大区、亚湿润大区、亚干旱大区。⑫高原亚寒带。湿润大区、亚湿润大区、亚干旱大区。⑬高原寒带。干旱大区。

在纬度为 30°～40°且气温低于 5℃的时间持续 2 个月左右的地区，三裂叶豚草低温休眠。符合这一气候条件的地区有中亚热带湿润大区（雨量充足）、北亚热带湿润大区（1 月、2 月和 12 月的气温低于 5℃，雨量充足）、暖温带亚湿润大区（11 月至翌年 3 月的气温低于 5℃）、中温带湿润大区（11 月至翌年 3 月的气温低于 5℃；4 月气温迅速回升，高于 8℃；7 月、8 月日照长，雨量较充足）。四川、重庆北部沿线，湖北宜昌以北地区，湖南益阳以北地区，浙江北半省，甘肃的武都、天水和庆阳东部地区，河北的张家口以东，辽宁的朝阳、阜新，沈阳东南部，以及陕西、山西、河南、北京、天津、江苏、安徽、上海、山东、吉林和黑龙江东部低洼多雨地区，是三裂叶豚草的适生区。其中，辽宁、吉林和黑龙江东部，长白山山脉西部，牡丹江市以南的多洼地，地势低，属雨量充足的中温带湿润大区，是三裂叶豚草的最佳生长区。

四、三裂叶豚草的分布

1. 三裂叶豚草在世界的分布

豚草最早是在 1863 年通过农作物种子携带由原产地北美洲传

入法国的。后来随着船只活动从法国传入西班牙、意大利等地的沿海口岸，再沿着交通路线由欧洲中心向外扩张。现在三裂叶豚草广泛分布于世界各地，在欧洲的南部、西南部和东部地区，已经形成了几个传播中心区，分别为法国里昂到意大利北部地区、波罗的海到俄罗斯地区、巴尔干半岛地区；主要国家包括德国、法国、瑞士、瑞典、意大利、奥地利、匈牙利、乌克兰、俄罗斯和白俄罗斯。在北美洲的加拿大、美国、墨西哥，中美洲和加勒比海地区的危地马拉、古巴、牙买加，南美洲的秘鲁、巴西、玻利维亚、巴拉圭、法属圭亚那、智利和阿根廷，大洋洲的澳大利亚，亚洲的土库曼斯坦、格鲁吉亚、哈萨克斯坦、日本、菲律宾、马来西亚、印度、印度尼西亚、中国，非洲的埃及、利比亚、突尼斯和地中海沿岸的北非诸国均有三裂叶豚草分布。

2. 三裂叶豚草在我国的分布

三裂叶豚草侵入中国已有80余年的历史，最早于1935年在辽宁省铁岭地区发现三裂叶豚草，随着人口流动和贸易活动的增加，交通运输飞速发展，三裂叶豚草在我国各地迅速蔓延开来。三裂叶豚草喜肥沃、湿润土壤，主要生长于河谷、路旁、田边、河岸、住宅区空旷地、山头和垃圾场周围，尤其是近期受到过干扰、地表裸露的地方，且易于侵入农田。20世纪70年代在东北沈阳、铁岭等地区发现大面积三裂叶豚草，1984年调查时发现该草已遍布辽宁丹东、抚顺、沈阳、铁岭、本溪和大连，北京的海淀、通州、昌平、朝阳、丰台以及天津等地区，而后三裂叶豚草逐步向华中、华东、华南扩散，近年来三裂叶豚草在陕西、甘肃和新疆等西北地区也有分布。

三裂叶豚草现已在我国的辽宁、吉林、黑龙江、内蒙古、新疆、西藏、河北、山东、河南、江苏、四川、湖南、湖北、江西、安徽、浙江、福建、广东、贵州和北京、上海等20多个省（自治区、直辖市）发生。东北发生区包括辽宁、吉林、黑龙江，黑龙江省2000—2006年在全省农业有害生物疫情普查中发现，豚草和三裂叶豚草有扩散蔓延的势头，发生范围逐年扩大。哈尔滨市的三裂叶豚草由 20 世纪 70 年代的哈尔滨中医学院院内和省园艺研究所院内的几十平方米，扩大到哈尔滨、阿城、宝清、嫩江、农垦九三分局鹤山农场等地，面积约 66.7 hm^2；在牡丹江市，1996 年首次报道牡丹江发现三裂叶豚草，当时仅在牡丹江师范学院家属住宅区和地明安居小区有零星分布，至 1999 年春，该草在师范学院家属区已成片生长，密度达每平方米 50 余株，分布面积和分布范围也逐渐扩展，在北山小学附近和江滨小区也已发现有少量个体出现。在吉林省内普通豚草和三裂叶豚草均有分布，在长春市、四平市、辽源市、梅河口市、白山市及柳河县等地发现了普通豚草和三裂叶豚草的混合发生，并且有向周边地区继续扩散的趋势。

华北地区的三裂叶豚草目前主要分布在山西、山东、河北、河南和北京等地。20 世纪 80 年代中后期在北京发现三裂叶豚草，北京的海淀、通州、昌平、朝阳和丰台等县（区）都有零星发生；1990 年在顺义县马坡乡发现了更大面积的三裂叶豚草，顺义县政府连续三年拨专款进行防治，但因经费不足，三裂叶豚草未得到有效控制，并有所蔓延扩散；1993 年 5 月调查发现，在马坡乡 10 个自然村的路、渠、村旁荒地、个别农户及单位院内发现了三裂叶豚草，发生面积 320 hm^2，其中 133 hm^2 入侵粮田；2000 年在山东济南发现三裂叶豚草；2001—2003 年调查发现在腊山河两岸和大金庄南木材批发市场北到京福高速公路 5 km^2 地段路旁、河边湿地、单位院内、居民房后、粮田、果园均有三裂叶豚草发生，大多与其他杂草混生，大金庄至京福高速公路出口 500 m 距离内，道路两旁形成 10 多处点片优势群落，其间无其他杂草生长，密度为250～320 株/m^2，最高达 525 株/m^2，并已经侵袭到道路两旁部分粮田、果园和麦田等地，平均 1.15 株/m^2，株高一般在 70～90 cm，发生面积 200 余 hm^2。果园中的三裂叶豚草主要生长在园边田埂旁，为点片发生，株高在 30～50 cm，相对较矮。春玉米田内三裂叶豚草零星发生，但其植株高大，基本与玉米植株同高。另外，在大金庄的两处空院内未硬化土地上也发现密度较高的三裂叶豚草，密度为 95～152 株/m^2。

华中地区的三裂叶豚草分布在湖南和湖北。在湖南汨罗地区，洞庭南路路旁三裂叶豚草发生最多，平均覆盖度达 95.3%，密度达 36.6%，发生频率达 53.1%；其次为岳阳楼公园，三裂叶豚草平均覆盖度达 93.5%，密度达 44.5%，发生频率达 84.8%；岳阳火车站三裂叶豚草发生较少，其覆盖度仅有 39.7%；汨罗市汨营公路两旁三裂叶豚草的覆盖度达 85.4%，平均密度达 48.3%，发生频率达 43.0%，而距离汨营公路两侧大约 2 km 的地方，三裂叶豚草覆盖度明显降低，仅有 60.3%，平均密度仅有 42.6%，且距离汨营公路越远，三裂叶豚草发生频率越低。

华东地区的三裂叶豚草发生区包括江西、浙江、上海。江西首次发现三裂叶豚草是在南昌市郊的一个部队营区，在近 600 m^2 区域内约有 3 800 多株三裂叶豚草成片分布，其中株高 2 m 以上的占半数以上，最高的植株达 3.5 m；2007 年江西婺源也发现三裂叶豚草。2004 年在浙江浦江发现三裂叶豚草。在上海佘山地区，三裂叶豚草已形成群落分布，尚未发生扩散蔓延。

西南地区的三裂叶豚草发生区集中在四川和贵州。2007 年发现三裂叶豚草在四川省自贡市的富顺县沿滩区定殖；2009 年调查发现三裂叶豚草已在四川省大面积发生，在自贡、宜宾、内江 3 个市的 10 个县（区）发现三裂叶豚草，发生面积共约 2 666 hm^2，发生地区的公路旁、河边湿地、田埂边、居民房后、旱作作物（如小麦、油菜、蚕豆、甘薯、玉米）田地、果园和荒坡地大量发生，大多形成点片单一优势群落，其间少有其他杂草生长，株高多在 100～250 cm，也有高 400～500 cm 或更高的植株。

近年来，三裂叶豚草入侵到西北地区。2012 年 8 月，中国科学院和中国检验检疫科学研究院的专家到伊犁进行外来杂草监测与调查，在新疆伊犁的新源县那拉提镇发现一种植物，经现场鉴定为三裂叶豚草；2012 年 8 月至 2013 年 8 月，在伊犁河谷 8 县 1 市（霍城县、察布查尔锡伯自治县、伊宁县、巩留县、特克斯县、昭苏县、尼勒克县、新源县和伊宁市）为期一年的调查发现，从新源县则克台镇到那拉提镇景区沿途 60 km 的公路两侧、乡村小道两侧、那拉提景区道路两侧有三裂叶豚草和普通豚草分布，三裂叶豚草的发生面积约为15 hm^2，普通豚草的发生面积约为10 hm^2。

参 考 文 献

达良俊，王晨曦，田志慧，等，2008. 上海佘山地区外来入侵物种三裂叶豚草群落的新分布［J］. 华东师范大学学报（自然科学版）(2)：37-40.

梁巧玲，陆平，2014. 新疆伊犁河谷发现外来杂草——三裂叶豚草和豚草［J］. 杂草科学，32（2）：38-40.

林夕，1989. 江西首次发现三裂叶豚草［J］. 江西农业大学学报（3）：48.

曲秀春，刘祥君，1999. 牡丹江市区发现三裂叶豚草［J］. 中国林副特产（4)：58-59.

王云，任昭源，周国庆，等，2009. 洞庭湖区三裂叶豚草分布及危害的研究［J］. 安徽农业科学，37（34)：17035-17037.

邢艳芳，2002. 豚草和三裂叶豚草在吉林省内的分布及解剖结构研究［D］. 长春：东北师范大学.

张金良，杨维华，张香云，等，1997. 北京地区三裂叶豚草封锁除治技术应用［J］. 植物检疫，11（5)：265-268.

赵文学，冉永正，王翠萍，等，2016. 济南地区三裂叶豚草发生及控防措施［J］. 植物检疫，18（6）.

周小刚，张辉，朱建义，等，2009. 四川首次发现三裂叶豚草大面积发生危害［J］. 植物保护，35（2)：166-167.

图 2-1　菜田周围的三裂叶豚草

图 2-2　玉米田周围的三裂叶豚草

图 2-3　农田周围的三裂叶豚草

图 2-4　荒地的三裂叶豚草

图 2-5　树林中的三裂叶豚草

图 2-6　公路边的三裂叶豚草

图 2-7　河岸的三裂叶豚草

图 2-8　路边的三裂叶豚草

图 2-9　村子周围的三裂叶豚草

第三章 三裂叶豚草的入侵与传播

一、三裂叶豚草的入侵机制

当外来种来到一个新的环境后，可能不适应新的生存环境，受到本地种的威胁，种群无法维持，最终走向灭亡；可能能够生长并进行繁殖，种群能够自我维持，称之为定居成功。定居成功的外来种如果只是停留在引入地，没有扩散到相邻的地区，当地的群落构成通常不会有显著改变，生态系统的功能也保持相对的稳定，这时，只能称为非入侵种；反之，如果定居成功的外来种种群数量急剧增加，且适应了新的环境，并不断向四周地区蔓延扩张，将会对当地的生态系统的结构和功能造成明显的损害，这时的外来种就变成了入侵种。外来种在环境中获得对土著种的竞争优势，或能占据土著种不能利用的生态位，从而成功入侵。可见，三裂叶豚草要成为入侵种必须对新环境产生适应性，并通过扩散影响危害新的生态系统。

1. 外来入侵植物的生物学基础

达尔文在 1895 年指出外来种需要具备“侵略性”才能扩散，物种的本质内因决定其是否具有入侵性，外界因子则是入侵能否成功的重要影响因素。寻找入侵种的普遍特性并预测物种的入侵能力，也是入侵生态学的一个核心问题。

对入侵种的生物学研究主要包括形态学、细胞学及遗传学等方面。目前还没有一组特征能很好地描述入侵种，一般认为与入侵性密切相关的特征有广泛的分布和快速的扩散能力，即与本地同种个体相比，很多的成功入侵植物表现出共同的特点，分别为更高的高度和更多的生物量、更大的种子量且易传播、更长的寿命、更快的种群增长速度。目前入侵物种的筛选系统是基于植物宏观特征建立的，筛选方法逐渐由定性转向定量。

2. 外来入侵植物的生态学基础

植物入侵过程的本质是，入侵种扩散到新环境后，面对新环境所产生的新选择压力，与本地生物、环境之间产生新的相互作用和相互关系的过程。

（1）入侵过程与生境。

许多外来种入侵的过程可分为两个阶段。第一阶段主要发生在资源多、易受干扰的生境内，能够侵入这些生境的植物种类多，这些物种能够迅速利用因干扰而造成的空缺资源，大部分属于杂草或竞争-杂草型的生态策略，在这个阶段，物种本身所具有的入侵特性比生境的可入侵性更重要，决定入侵扩散速率最重要的因子是繁殖体数量。第二阶段是入侵种扩散到自然或半自然的生境，由于生境中可利用资源量减少、自然环境条件不良以及本地植物产生竞争阻力，入侵种在这些生境中会遇到较强的阻力，持续的自然选择可能使入侵种向多个方向发展，较为密闭的群落和强竞争力可能是选择的方向。相对而言，克隆生长可能是一个优势；而在极端生境，抗胁迫策略就比较有利。第二阶段的入侵应该比第一阶段持续时间更长。

（2）入侵植物与环境。

生物入侵的过程实际上也是一个物种与生态系统之间的适应与匹配过程。入侵植物与被入侵地环境之间可能有以下四种入侵情形。

①地理隔绝消除。

入侵植物本身能适应入侵地的环境，但由于移动能力比较差、地理隔绝而无法到达入侵地，由人类活动所造成的迁徙可以帮助其入侵。属于这种情况的入侵种多是被地理隔绝的物种，而入侵的生境空缺资源比较多、物种远未饱和。

②生境发生改变。

入侵植物通过各种方式可以到达新的地域，但不能适应当地的环境。一旦当地生境发生变化，外来植物在自身没有经过适应性进化的情况下也可以生存。对于与人类活动关联性大的植物来说，人类对环境所造成的干扰也会促进其入侵。例如大规模的耕作促进了农田杂草的入侵，采伐林木也促进了飞机草、紫茎泽兰的入侵。另外，有些植物入侵后当地生态系统发生了巨大改变，也有可能促进其他种的入侵。

③外来种经进化后能适应环境。

入侵植物具有快速进化能力，在新环境中能进化出更强的竞争力、可塑性、适应干扰能力。另外，入侵种在遗传上发生的某些变异也可能有利于入侵，比如多倍体化或杂交，大米草的入侵过程就是这种类型。

④环境变化和物种进化综合发生。

这两方面的改变共同导致植物和环境的匹配，使入侵种能顺利定居建群，完成入侵过程。

(3) 入侵植物与生物。

①与本地植物的亲缘关系。

入侵植物与本地植物间的亲缘关系对其入侵能力有正反两方面的作用。在邻体尺度上，由于竞争排斥效应，近缘种之间很难共存，与本地植物亲缘关系远的外来植物入侵能力强。在大尺度上，由于具有相似的生境需求，与本地种亲缘关系近的物种适应性强，有利于归化，所以从入侵到归化阶段，很可能是亲缘关系近的有利，而对于已经归化了的入侵种，往往是亲缘关系远的入侵能力强。亲缘关系对入侵能力的影响取决于具体物种本身、具体的生境特征、研究的尺度及入侵阶段等方面。

②对生物多样性的影响。

小尺度上的许多研究发现植物入侵降低了本土群落的生物多样性，例如在中国东部海岸的一些地区，入侵种互花米草已经替代了群落中所有植物，甚至对动物群落也产生了危害，互花米草生境中节肢动物的总数量和群落结构都发生了巨大的改变。入侵造成生物多样性降低的主要原因是入侵植物具有强大的竞争力，可以排挤掉生态系统中的其他植物，对其他营养层级的群落产生重要影响。但也有研究表明，一般情况下入侵植物并不会造成本地植物的局部灭绝，植物入侵也在一定程度上使栖息地环境异质性增加，本地生物多样性也可能会相应增加。在较大的尺度上，如景观尺度上的研究结果也表明，植物入侵通常可以增加生物多样性；另外，从一段较长时间来看，入侵植物是环境变化的过客而不是原因。入侵种和人类活动对生态系统的干扰相结合是造成入侵地生物多样性降低的重要原因。

③入侵植物与天敌。

“天敌丧失假说”一直是入侵生态学中最重要的理论之一，但研究结果不一致，产生矛盾的可能原因有不同植物的生态策略不一样、天敌丧失对其入侵能力的影响程度不一样、广食性和专食性天敌的作用有差异，天敌丧失会导致取食植物的天敌物种数减少，但天敌总数量及天敌的取食数量不一定减少。最近的研究表明，当入侵植物到达新的地区，可能由于缺乏信号感应机制而容易被新栖息地的草食动物取食，也可能由于携带有新的化学物质能抵抗取食。天敌丧失有时也表现出时间效应，本地天敌可能快速适应并取食入侵植物从而抑制其生长。

3. 三裂叶豚草入侵的生态学研究

三裂叶豚草的入侵是一个复杂的生态过程，按照生物入侵机制，外来种被引入后，只有一少部分定居在入侵地，大部分发生了逃逸，定居的部分有少数适应了新的环境，建立了种群，具备了生态调节机制，扩散蔓延，对社会经济、环境和生态产生危害，这个过程通常可分为引入、逃逸、种群建立和危害四个阶段。三裂叶豚草入侵的生态过程如下：一是三裂叶豚草离开原来生存的生态系统到达一个新的生境定居；二是三裂叶豚草到达入侵地后，经当地生态条件的驯化，能够生长、发育并进行了繁殖，至少完成了一个世代适应，入侵的三裂叶豚草已繁殖了几代，由于入侵时间短、个体基数少，因而种群增长不快，但每一代对新环境的适应能力都有所增强扩散；三是入侵的三裂叶豚草已基本适应新的生态系统，种群已经发展到一定数量，具有合理的年龄结构和性比，并具有快速增长和扩散的能力；四是当地缺乏控制三裂叶豚草种群数量的生态调节机制，该物种就大肆传播蔓延，形成生态“暴发”，导致生态和经济危害。从豚草的入侵过程来看，豚草的传播主要与人类活动有关。1900年以前，欧洲的豚草只生长在河边滩地，20世纪20年代中期开始进入农田，20世纪30年代随公路、铁路开始大规模地扩散。另外，鸟类、食草动物以及水流也是豚草种子传播的途径。如豚草在法国南部的快速扩散与种子随河水传播有关；德国豚草的点状分布可能与鸟类传播有直接关系。

（1）三裂叶豚草的高入侵力。

①巨大的种子量和种子的适应性是入侵的基础。

三裂叶豚草是靠种子繁殖的一年生植物，每株产生的种子量可达3 000～62 000粒，大量的种子为入侵提供了基础。有人研究了温度、光照、渗透势、盐胁迫、土壤pH、播种深度等条件对三裂叶豚草种子萌发的影响，结果表明在广泛的温度、光照、渗透压、盐浓度、土壤pH、播种深度范围内三裂叶豚草都可以萌发，采自不同地点的种子有相同的萌发特性，埋在土壤中40年的种子仍然具有萌发能力。

②高遗传分化是入侵的遗传学基础。

利用21种核酸内切酶对豚草属和锚刺果属植物的叶绿体DNA进行了比较研究，构建的系统发育树证明豚草属植物的限制性突变多态性高，比锚刺果属植物具有更强的生存能力。等位酶分析结果表明豚草种群内部存在丰富的遗传变异，在种群水平上具有丰富的遗传多样性。德国、美国以及欧洲其他国家豚草的序列分析结果表明，来源不同的豚草序列中非通用编码水平比较接近。微卫星分子标记表明生长于不同生境的豚草的遗传变异程度不同。种群内的高遗传分化与豚草种群的高杂交率有关，单独生长的豚草植株种子产量低，豚草种群有较明显的自交不亲和现象。豚草种群的高遗传分化使植物产生快速适应能力，这可能也是豚草在引入地暴发的原因之一。

③化感作用是入侵的武器。

豚草属的化感作用的相关报道最早是在 1976 年，豚草对紫菀的化感作用使其在弃耕地的次生演替中成为先锋植物。后来的研究主要集中于豚草属植物对其他植物的生长调节作用，如豚草的根、茎、叶及全株由石油醚、甲醇、二氯甲烷等不同溶剂提取的提取液对蔬菜、粮食等作物种子发芽、幼苗生长的抑制作用。对豚草属中化感物质的化学成分也有许多研究，绿原酸和咖啡酸是最早发现的豚草中的化感物质，日本学者研究还发现了豚草中的肉桂醇和豚草酸等。现在认为豚草中的化感物质主要有四大类，分别为酚酸类、聚乙炔、倍半萜烯内酯及甾醇。

④与丛枝菌根真菌的互利关系利于入侵。

植物根系与真菌的互利作用在自然界中是普遍存在的，最常见的是丛枝菌根真菌（AMF），陆地上大约 90%的有花植物都能与菌根形成共生体，促进外来植物入侵，主要作用体现在两方面：一是使入侵种具有更强的竞争力，二是入侵种能通过菌根联结转移营养。豚草属植物是专性菌根营养型植物。刘心妍研究了我国普通豚草和三裂叶豚草根系侵染的 AMF，发现了 10 种 AMF。豚草属植物能成功地利用入侵地区的 AMF 是其能快速建立种群的机制之一。

⑤强适应性与快速进化利于入侵。

三裂叶豚草对新环境适应性强，在开阔的自然生境如荒地、山沟、山谷及受人为干扰的半自然生境如公路、铁路沿线、河岸渠道侧、住宅区等环境中广泛分布，特别容易侵入近期受过干扰的地带。普通豚草的广适性与快速进化有关，加拿大的魁北克（Quebec）的 707 份腊叶标本证明，不同生境的普通豚草叶片形态不同，裂叶呈梯度排布且能适当变换角度，使叶片能接受更多的太阳辐射。高 CO_2 浓度、N 素供应充足条件下，豚草属植物叶面积增加，光合能力增强，将生境中的 CO_2 浓度提高到 720 μmol/mol 后，豚草属植物长得更高大，随着气温与空气中 CO_2 浓度的增加，豚草属植物在欧洲的归化更快。

（2）三裂叶豚草群落的入侵性。

①种群与群落特征。

种群分布与结构反映了环境因子对个体的行为、生存和生长的影响，是植物种群对环境适应和选择的结果。土壤种子库是三裂叶豚草形成种群的基础，对弃耕地、农田及荒地三裂叶豚草种子库的研究表明，0～20cm 深处土层中有活种子 536～4 677 粒/m^2，有萌发的幼苗 23～292 株/m^2，近期土壤扰动与植被破坏对生境中豚草种子萌发与幼苗补充有利。幼苗时期的种群密度对成株的株高、生物量、雌雄花比例、结实性都有影响，种群密度大时，豚草具有更高的株高、更大的生物量、更高比例的雄花等，使植株的竞争力更大。

②缺乏天敌的控制。

“天敌丧失假说”是入侵生态学的经典理论，豚草属植物的入侵可能是一个证据。在三裂叶豚草的原产地——北美洲的 17 种植物上发现了 450 多种三裂叶豚草的天敌，但在入侵地区关于三裂叶豚草天敌的报道比较少，可能入侵地区缺少专一性的天敌，而土著天敌需要较长的适应过程。

二、三裂叶豚草的传播

三裂叶豚草为一年生草本植物，为单性同株植物，自交可育，单株结实率高，生育期可塑性强，只要有一粒种子在偶然的机会中传播到远方的适宜生境内，就很容易完成生活史并产生大量种子，以此为根据地迅速扩大种群规模并成为新的传播源。三裂叶豚草在自然界中只有利用种子繁殖这一种繁殖方式，种子传播是种群扩展蔓延的唯一途径。种子传播的主要途径有三种：①车辆传带。三裂叶豚草种子藏于不开裂的囊状总苞内，以复果形式贮藏于土壤中，复果长 6～8 mm，果皮坚硬，顶端有 4～6 个尖刺，附着力较强，可以随车辆流动传播较长距离。车流量大小、传播源种子密度及土壤泥泞程度等因素影响传带距离和规模。②流水传播。三裂叶豚草常生长于沟边、路旁和河岸，果皮海绵质，能在水中漂浮 24 h 而不下沉，可以从种源地随水流传播到几千米远的下游地区，实现较长距离的传播，种源地的位置、沟渠是否畅通、种子成熟落地后是否遇到暴雨天气等因素影响种子传播距离和规模。③人为传带。包括人工割荒草时将三裂叶豚草成熟植株割走从而使部分没有脱落的成熟种子随植株运输而传到远方，在种源地取土时将土壤中的三裂叶豚草成熟种子运至远方，农作物收获时三裂叶豚草种子与谷物混合从而随粮食运输而传播到远方等各种形式。

参 考 文 献

邓旭，2010. 外来物种豚草（*Ambrosia artemisiifolia*）入侵生态学研究［D］. 长沙：湖南农业大学 .

万方浩，王韧，1990. 恶性害草豚草的生物学及生态学特征［J］. 杂草学报，4（1）：45-48，42.

殷萍萍，2010. 三裂叶豚草对入侵生态系统的影响及其反馈［D］. 沈阳：沈阳农业大学 .

XIANG G Z ，RONG J I ，MEI X R，2003. Biological invasions：process，mechanism and prediction［J］. Acta Ecologica Sinica.

第四章 <<<

三裂叶豚草的入侵危害

三裂叶豚草植株高大，枝繁叶茂，繁殖系数大，植株再生能力强，适应性广，传播迅速，对农作物有强烈的遮蔽作用，吸水吸肥能力强，与农作物争夺水分；此外，三裂叶豚草在花期散布于空气中的大量花粉是人类花粉症的重要致敏源，患者出现过敏性哮喘、过敏性鼻炎和接触性皮炎等症状，人群发病率高达5%。因此，三裂叶豚草对农牧业生产和人体健康危害很大，被很多国家列为检疫性有害生物，对发生地的国际声誉和国际贸易会造成一定损害，应加大力度进行限制和消除。

一、三裂叶豚草对本土植物的危害

三裂叶豚草的生命力、竞争力及生态可塑性极强，能迅速压倒其他一年生植物。它的植株能释放多种化感物质，影响其他植物生长；三裂叶豚草常常大片发生，形成单优势种群，破坏生物多样性和园林景观。三裂叶豚草春季出苗早、生长迅速，从而较其他植物更具有明显的竞争优势。三裂叶豚草补偿能力强，叶腋间具多个生长点，如顶尖或茎秆受到破坏，其下一部位叶腋间生长点将继续生长，植株仍正常发育；如拔除后随意抛弃或切断扦插，若短期遇湿润土壤，其茎秆上可生出许多不定根，发育成新的植株。三裂叶豚草在早期刈割后，促进分枝并形成大量种子。刈割高度越高，茎基部的腋芽形成的新枝越多，在蕾期低割，还可从根上发出新芽。在8月中旬，刈割高度在5～10cm时，植株最终生长高度显著降低，但还能开花结实，重复刈割时，可再生4～5次。模拟放牧试验表明，刈割三裂叶豚草的生长高度对结实量有显著影响，在生长旺季还可增加结实枝数目。

二、三裂叶豚草对土壤生物多样性的影响

1. 对土壤昆虫的影响

对三裂叶豚草发生地区土壤昆虫的群落结构及动态的研究表明，在三裂叶豚草发生地共采集到46个科的土壤昆虫（成虫与幼虫分开单列），隶属于12个目。12个目中弹尾目个体数占绝对优势（占土壤昆虫总个体数的80.879%），其次是膜翅目（8.765%）、鞘翅目幼虫（3.951%）和双翅目幼虫（3.093%），其余合计占3.312%；在46个科中，优势类群有3科，棘跳虫科（Onychiuridae）占土壤昆虫总个体数的32.756%，鳞跳虫科（Tomoceridae）占18.869%，节跳虫科（Isotomidae）占18.178%。三裂叶豚草会导致土壤昆虫的个体数量减少和群落多样性降低。三裂叶豚草对于土壤昆虫的抑制作用在豚草纯群落和植物生长旺季更为明显，8月和9月对照样地的土壤昆虫个体数量和多样性指数均显著高于三裂叶豚草样地。三裂叶豚草表现出对某些土壤昆虫类群的驱避作用，步甲科（Carabidae）成虫、拟花萤科（Dasytidae）幼虫和叶蝉科（Cicadellidae）、阎甲科（Histeridae）、管蓟马科（Phlaeothripidae）在豚草整个生长季从未在豚草样地中出现，这种抑制效应可能与豚草属植物具有强烈的化感作用有关，而且三裂叶豚草发生地区土壤昆虫的垂直分布具有明显的表聚性。

2. 对土壤线虫的影响

路秀蓉等（2016）研究表明，三裂叶豚草入侵对土壤线虫群落结构的影响体现在以下几个方面：第一，与本地植物相比较，三裂叶豚草样地的土壤中线虫属的丰富度下降，且随着三裂叶豚草的生长，土壤中线虫属的丰富度越来越低，说明入侵植物减少了土壤中线虫属的丰富度；第二，在植物的营养生长时期，在三裂叶豚草样地的土壤中线虫密度显著低于本地植物样地，而在沈阳市高桥和东陵监狱旁的两个三裂叶豚草样地中土壤线虫密度显著高于本地植物

样地，说明三裂叶豚草对土壤线虫的影响存在地点效应；第三，三裂叶豚草样地中，植食性线虫比例从幼苗生长期到营养生长期再到生殖生长期逐渐下降，说明三裂叶豚草在其生长过程中抗寄生线虫的能力逐渐增强。

路秀蓉（2016）利用微生态箱法模拟凋落物分解试验，研究了外来入侵植物三裂叶豚草及其共生的本地植物芦蒿的凋落叶的分解对土壤线虫群落的影响，主要结论如下：①与本地植物相比，外来入侵植物三裂叶豚草的凋落叶具有较高的氮浓度，降解更迅速。②在分解过程中，添加三裂叶豚草凋落叶的土壤中线虫数量显著高于本地植物组，主要由食细菌线虫属的真头叶线虫、小杆线虫和食真菌线虫的迅速增殖引起。③高质量的入侵植物凋落叶输入可以改变土壤线虫的数量，食真菌和食细菌线虫密度增加，改变土壤线虫的群落结构。

3. 对土壤微生物的影响

通过植物-土壤反馈研究方法，比较研究三裂叶豚草非入侵区和入侵区土壤接种物对 3 种植物构成的人工群落的影响，结果表明，在本地植物群落单种条件下，接种三裂叶豚草的非入侵区土壤与接种入侵区土壤相比，入侵区土壤微生物群落不利于本地植物群落的生长，非入侵区土壤微生物群落调节了有利于本地植物生长的正反馈；在三裂叶豚草混种条件下，三裂叶豚草和本地群落对三裂叶豚草非入侵区土壤接种物和入侵区土壤接种物响应的交互作用系数未达到显著水平，三裂叶豚草非入侵区土壤接种物对本地植物群落的正反馈作用被削弱。可见，三裂叶豚草入侵能够影响入侵地土壤微生物群落，调节不利于本地植物生长的负反馈作用，从而促进其自身的入侵过程。

三、三裂叶豚草对人体健康的危害

三裂叶豚草的蔓延会使发生地成为花粉病的传播中心和高发病中心。在开花时期，三裂叶豚草能散布大量花粉，平均每株植物能释放数十亿个花粉粒，花粉直径约为 20 μm，很容易入侵人体的上呼吸道。花粉中含有水溶性蛋白，致敏性极强，与人接触后可迅速释放，引起过敏性变态反应，其花粉主要在每年的 8～9 月大量扩散，是夏季和秋季花粉症的主要致病源，给人体健康带来极大危害，严重影响当地旅游业。当花粉密度在 40～50 粒/m^3 时，过敏人群吸入后就会出现咳嗽、流涕、哮喘、眼鼻奇痒或皮炎等症状，诱发过敏性鼻炎、支气管哮喘、接触性皮炎、荨麻疹等疾病，严重的会并发肺气肿、肺心病乃至死亡。在美国、加拿大及欧洲，花粉使上千万人致病受害，有的地方人群发病率高达 30%。仅美国对三裂叶豚草花粉过敏的患者就达 1 500 万人左右，年治疗费约 6 亿美元。由于无特效药物治疗这种病，欧美国家的一些病人不得不暂避外地或永离故土，这已成为欧美地区一个突出的社会及环境保护的重大问题。更为严重的是，某些医院在不了解病因的情况下，往往将患者当作重感冒而延误治疗。我国山东省 753 例儿童哮喘病中由豚草花粉引起的占 18.28%，而在辽宁省沈阳市因豚草花粉传播每年有上万人患病。

四、三裂叶豚草对畜牧业的危害

三裂叶豚草的叶子中含有精油和苦味的物质，奶牛误食三裂叶豚草后会使牛奶的品质变坏。家畜对三裂叶豚草的适口性差，食用后还会使肉制品、奶制品的质量下降，带来巨大的经济损失。

五、三裂叶豚草对种植业的危害

三裂叶豚草植株高大，对农作物有强烈的遮蔽作用，其适应性广，水分和营养物质消耗多，光竞争优势强，化感作用强烈，主要危害玉米和大豆，在田间与作物竞争水、光照、矿物质营养及生存空间，严重阻碍农事操作的进行，导致农作物大面积减产，严重时作物枯竭而死，严重破坏了农田生物的多样性，造成农田草荒，同时三裂叶豚草的根还吸收土壤中大量的磷和氮，导致土壤干旱贫瘠。在美国东南部地区，三裂叶豚草已经进入了玉米、马铃薯、烟草、大豆等作物种植区，造成农作物大面积减产。在加拿大的魁北克和安大略，三裂叶豚草是番茄、甜菜、玉米等作物的六大害草之一。在我国，三裂叶豚草还未大面积侵入农田生态系统，对农业生产的影响还未显现，但要对其入侵风险保持高度警惕。

三裂叶豚草消耗的水分是禾谷类作物的2～3倍，每制造1 g干物质，三裂叶豚草需消耗近1 000 g水，三裂叶豚草密度达10株/m^2时，1 hm^2土地耗水量大于2 000 t，足以造成土壤干旱。三裂叶豚草从土壤中吸收养分的能力也极强，是大田作物和蔬菜的1～2倍。每年吸收氮的总量约为2.5 g/m^2，形成1 t干物质约耗氮15 kg、五氧化二磷1.5 kg。

三裂叶豚草对大豆的生长存在抑制作用，在大豆的生长前期，三裂叶豚草植株高，在光竞争中占有优势地位，使得大豆普遍徒长和严重倒伏，从而显著抑制了大豆的长高和分枝生长，在混生种群施肥条件下大豆的株高低于未施肥条件下各处理，表明三裂叶豚草不仅在光竞争中对大豆存在抑制作用，在争夺水分、肥料方面也表现出强大的竞争能力。侵入大豆田中的三裂叶豚草能够减少大豆根瘤菌数量，导致大豆减产，每行每10 m有4株三裂叶豚草时，可使每公顷大豆产量减少132 kg。

三裂叶豚草对玉米生长有显著的抑制作用，并明显影响玉米的抽穗率、鲜重，三裂叶豚草密度越大影响越大，可使玉米产量降低300～450 kg/hm^2，甚至不能形成雌穗。玉米苗圃田三裂叶豚草密度为59株/m^2和257株/m^2的两个田块，玉米苗株高比对照分别下降0.8%和29.6%；春玉米田三裂叶豚草密度为52株/m^2和169株/m^2的两个田块，玉米株高分别下降11.1%和19.6%，玉米单株抽穗率分别无变化和下降100%。三裂叶豚草密度高的地块的玉米穗形明显小于对照，单株鲜重下降1.5%～56.7%，当玉米田三裂叶豚草密度达10～15株/m^2时，玉米产量下降30%～

45%；三裂叶豚草密度达50～100 株/m^2 时，可导致玉米颗粒无收。另外，三裂叶豚草可以传播病虫害，如向日葵叶斑病、甘蓝菌核病和大豆害虫等，因此有学者认为豚草属植物的危害超过所有一年生的杂草。

六、三裂叶豚草对生态系统的危害

生物入侵是指生物由原生存地经自然的或人为的途径侵入到另一个新环境，对入侵地的生物多样性、农林牧渔业生产以及人类健康造成经济损失或生态灾难的过程。当外来物种在自然或半自然生态系统或生境中建立了种群，改变或威胁到本地生物多样性时，就成为外来入侵种。外来入侵植物能严重破坏景观的自然性和完整性，形成广泛的生物污染，甚至摧毁整个生态系统，引起生物多样性丧失，因此被认为是对生物多样性的第二大威胁，仅次于生境丧失。因外来物种破坏当地生态系统平衡而造成的生物入侵，日益引起世界各国的重视。在澳大利亚北部，入侵性植物大含羞草使湿地苔草生境变为灌木丛，引起当地植物和动物的消失。

三裂叶豚草作为一种外来入侵物种，具有生命力和竞争力及生态可塑性强、传播途径多、繁殖系数大等特点，在发生区容易形成单一群落，降低自然生态系统的稳定性和物种多样性。对公园、农田、高速公路、桑园和路边等 20 个不同生境下三裂叶豚草分布样地的杂草种类和分布情况进行调查，发现三裂叶豚草入侵对本地植物物种丰富度产生影响，但不明显，20 个样点中共有杂草 71 种，其中菊科 16 种、蓼科 5 种、藜科 5 种、豆科 4 种、十字花科 4 种、唇形科 4 种。人为干扰程度和土壤水分条件是影响三裂叶豚草生长区杂草分布和杂草密度的主要因素，对不同生境中三裂叶豚草与其周围杂草的生态位宽度比较表明，三裂叶豚草的生态位宽度均最大。研究发现，豚草属植物是喜干扰、怕胁迫的一年生植物，干扰会降低群落生物多样性，干扰程度是决定三裂叶豚草群落组成的重要因素，且随着人为干扰程度的加强，三裂叶豚草的发生危害程度升高，在干扰程度高的生境，三裂叶豚草重要值极显著高于干扰程度相对低的生境，随着生境中三裂叶豚草重要值的升高，样地中物种丰富度下降，两者存在显著相关性，生境物种多样性降低后，自然抑制力也随之降低，天敌数量减少，三裂叶豚草更容易生存扩增，形成恶性循环。三裂叶豚草的入侵能够影响入侵地区土壤微生物群落，调节不利于本地植物生长的负反馈作用，三裂叶豚草混种导致本地植物群落生物量显著降低，从而促进其自身的入侵过程。

七、三裂叶豚草的化感作用

三裂叶豚草的化感作用是三裂叶豚草危害其他植物的主要方式之一，其主要化感物质包括橙花叔醇、勺叶桉醇、法尼烯、十四碳-3-炔、α-蒎烯、β-蒎烯、2-冰片烯、β-里那醇、冰片、桉树脑、樟脑、异丁子香酚、3-羟基癸酸、壬二酸、环戊烷十一酸等（表 4-1）。经气相色谱法（GC）和气相色谱-质谱联用（GC-MS）定性定量分析，三裂叶豚草挥发物主要是由普通的单萜类化合物组成，科学家鉴定了 31 个挥发性单萜，这些单萜占三裂叶豚草挥发性油总含量的 84.2%。其中，龙脑（8.5%）及其衍生物乙酰龙脑酯（15.5%）是最主要的单萜成分，两者的相对含量达 24%，未鉴定出特有的化学成分，这和一些植物挥发物中含有一些特有的化学物质是有所不同的，如菊科植物胜红蓟（*Ageratum conyzoides* L.）虽然含有多种单萜，但主要成分却是苯并吡喃类物质——早熟素Ⅰ和早熟素Ⅱ（含量＞30%），而不是单萜。这些物质会造成细胞膜的伤害，细胞膜功能的改变必然会影响植物对水分和矿物质元素的吸收，抑制其他植物的种子萌发和幼苗生长，从而使自身在生长发育过程中处于优势，加快入侵速度。某些化感物质抑制了植物根尖分生组织的生长，使细胞分裂和伸长停止，从而改变了植物对离子的摄取速度，阻碍了养分的吸收；同时也刺激或抑制了呼吸作用等。

表 4-1 三裂叶豚草产生的化感物质

中文名	英文名
2，5，6-三甲基癸烷	2，5，6- Trimethyldecane
α-蒎烯	alpha-Pinene
β-蒎烯	beta-Pinene
2-冰片烯	2 -Borneol
里那醇	Linalool
冰片	Borneol
4-萜品醇	4-Terpineol
樟脑	(R) -camphor
α-萜品醇	alpha-Terpineol
橙花叔醇	Nerolidol
勺叶桉醇	(-) -Spanthulenol
法尼烯	Farnesene
十四碳-3-炔	3-Tetradecyne
4，5-二甲基 1，3-二苯酚	4，5-Dimethyl 1，3-Diphenol
马鞭烯醇	Berbenol

三裂叶豚草的化感作用具有选择性和阶段性，即不同植物以及同一植物在不同生长发育阶段、不同部位对三裂叶豚草的化感物质的反应不同。王大力等（1996）发现三裂叶豚草挥发物对作物种子的萌发有一定抑制作用，特别是对大豆和小麦的抑制比较明显，使萌发率分别降低 30％和 18％；对幼苗早期生长的作用主要表现在对幼根生长的抑制上，大豆、玉米和小麦的幼根长度分别减小了 31％、64％和 76％；对绿豆、萝卜、番茄、大白菜和甜瓜的发芽、根和幼苗的生长均有明显抑制作用，且对这些植物的根系形态影响也比较大，主要表现为幼根数目比对照增多但长度短于对照、幼根短硬、扭曲较多、颜色呈黄褐色、根毛不发达等特征；另外，三裂叶豚草根际土壤对作物种子和幼苗生长的影响不明显。研究者在沈阳郊区通过实地考察观察到，邻近三裂叶豚草生长的大豆的根瘤形

成受到了抑制。土箱实验中得到了和野外调查一致的结果，施用三裂叶豚草水浸液的大豆，大豆根瘤菌的生长受到抑制，从而影响大豆根瘤的形成，但大豆根系发育和分布不受影响。

参 考 文 献

李建东，胡冀宁，殷萍萍，等，2010. 不同肥力条件下三裂叶豚草的密度对大豆生长发育的影响 [J]. 大豆科学，29 (2)：280-283.

路秀蓉，2016. 外来植物三裂叶豚草入侵对土壤线虫群落结构的影响 [D]. 沈阳：沈阳农业大学.

彭惠兰，1997. 植物他感作用探讨 [J]. 四川师范大学学报（自然科学版），18 (3)：224- 227.

孙备，李建东，王国骄，等，2016. 三裂叶豚草对其入侵地植物——土壤微生物反馈作用的影响 [J]. 生态环境学报，25 (7)：1174-1180.

孙刚，房岩，殷秀琴，2006. 豚草发生地土壤昆虫群落结构及动态 [J]. 昆虫学报，49 (2).

万方浩，王韧，1988. 豚草在我国的发生危害及其防治 [J]. 农业科技通讯，5：24-25.

王大力，祝心如，1996. 三裂叶豚草的化感作用研究 [J]. 生态学报，16 (1)：11-19.

殷萍萍，2010. 三裂叶豚草对入侵生态系统的影响及其反馈 [D]. 沈阳：沈阳农业大学.

祝心如，王威，赵国镇，等，1995. 三裂叶豚草（*Ambrosia trifida*）对大豆根系生长及其结瘤的影响 [J]. 生态学报，17 (4)：407-411.

ABUL-FATIH H A, BAZZAZ F A, HUNT R, 2010. The biology of *Ambrosia trifida* L. III Growth and biomass allocation [J]. New Phytologist, 83 (3)：829-838.

第五章 三裂叶豚草的综合防控

在发现三裂叶豚草已造成入侵时，应尽快采取积极措施治理。目前三裂叶豚草的防治技术主要包括：

一、三裂叶豚草的物理防治

三裂叶豚草物理防治的主要方法是适期进行人工割除（图5-1、图 5-2）和拔除（图 5-3）。组织力量查清豚草属植物的分布，在有豚草属植物发生的地方，广泛发动群众，采取人工防除。三裂叶豚草幼苗期要及时铲除；开花之前要进行拔除；后期由于根系庞大，要贴地面割除，因为割茬越高，基部茎的腋芽形成新枝越多，割茬高度在 3～5 cm 时形成 4～5 个新枝，12～15 cm 时形成 6～7 个新枝，20 cm 时形成 9 个新枝，25 cm 时形成 11 个新枝，30 cm 时形成 15 个新枝，割后要集中堆沤、深埋或焚烧，确保当年不再形成新种子，切断传播繁殖的种源；三裂叶豚草成株期的根系和植株庞大，拔除发生在农田中的三裂叶豚草会对作物的根系造成伤害，使作物产量下降甚至死亡，因此人工拔除农田中三裂叶豚草应在生长前期，即 4～10 对叶期，在三裂叶豚草生长到植株庞大的成株期时，即 10 对叶期之后，可进行人工割除。另外，三裂叶豚草在一个生长季节内会陆续出苗，幼苗期拔除后，生长后期还会有新的三裂叶豚草出苗，因此往往需要进行 2～3 次物理防除，才能保证当年出苗的三裂叶豚草不结籽。三裂叶豚草种子产生量大，且种子具有休眠特性，必须连续多年开展监测和防除。物理防治可减少次年三裂叶豚草种群数量，对零星发生的种群控制效果尤为明显，但并不能控制三裂叶豚草种群的蔓延。

二、三裂叶豚草的化学防治

化学防治有防治成本低、见效快、防除彻底、节省劳动力、减轻劳动强度等优点，非作物田的三裂叶豚草防除可以选择灭生性除草剂，作物田的防除要选择用于相应作物田防除阔叶杂草的除草剂。国内筛选出的对三裂叶豚草防治效果较好的除草剂有草甘膦、灭草松、甲基磺酰甲胺、乙氧氟草醚、甲氧咪草烟、氟磺胺草醚等。

分布在庭院内、住宅旁、公园、公路旁、山坡、沟渠、铁路沿线和田边地头的三裂叶豚草可用灭生性除草剂防除，如用草甘膦、苯达松喷雾。以半抑制浓度（IC50）为指标进行筛选，发现三裂叶豚草对取代脲类和二苯醚类除草剂最为敏感，筛选出最有效的8种茎叶处理剂为苯磺隆、噻吩磺隆、氯麦隆、麦草畏、氟磺胺草醚、三氟羧草醚、利谷隆、乙氧氟草醚，还有2种土壤除草剂——乙氧氟草醚和伏草隆。刘绍芹等（2005）用10%的草甘膦，每亩* 用药1 kg，对水30 kg，喷雾，对三裂叶豚草杀灭效果好。济南地区用40%的草甘膦水剂500～1 000倍液喷雾防除非农田生长的三裂叶豚草，比如路旁、河边湿地等地。待三裂叶豚草全部死亡后，每亩再喷施40%的乙莠悬乳剂100 g封锁地面，可以基本确保整个生育期无三裂叶豚草生长。辽宁省使用苯达松、氟磺胺草醚、草甘膦或氟磺胺草醚水剂等灭生性除草剂等均可有效控制三裂叶豚草生长。根据不同生境下生长的三裂叶豚草采用不同的药剂，如非耕地用10%草甘膦；农田、公园用20%氟磺胺草醚等防除三裂叶豚草，防效达100%；在玉米地，玉米播种后出苗前可用西马津，出苗后可用苯达松，防除效果很好。

三裂叶豚草在3～7月陆续出苗，4～5月为出苗高峰期。三裂叶豚草最适化学防治时期为2～4叶幼苗期，即5月下旬至6月上旬，较大叶龄的三裂叶豚草的防治需要适当增加化学药剂的使用量以达到较好的防除效果，但是幼苗期化学防除后，当季还会生长出

* 亩为非法定计量单位，1亩≈667 m^2。——编者注

大量的三裂叶豚草，有条件的地区在 7 月可进行第 2 次施药，并辅以人工拔除，以彻底根除当季的三裂叶豚草。开花前，特别是幼苗期，每公顷用 10%草甘膦 9 L 进行喷洒，或用其他除草剂如 2，4-滴等，效果均较为显著。如果防治时三裂叶豚草植株再矮一些，用草甘膦和百草枯处理防治的效果更好，实际应用时用量还可降低。

化学防除虽见效快，但长期大量使用化学除草剂会污染环境，并使三裂叶豚草产生抗药性。研究发现，加拿大安大略省的转基因作物田中三裂叶豚草对草甘膦产生了抗性，美国俄亥俄州的三个不同三裂叶豚草种群与印第安纳州的一个种群也对草甘膦产生了抗性，常规用量的草甘膦不能有效防治印第安纳州的三裂叶豚草，使用 3 次草甘膦也达不到理想的防效；俄亥俄州种群有着相似的田间经历，草甘膦是当地唯一使用过的除草剂，有三裂叶豚草的几块田地里，在它们株高为 38.1～63.5 cm 时处理，使用了 2 次草甘膦，但仍看不到明显防效。2007 年调查发现，抗草甘膦的三裂叶豚草田块越来越多。三裂叶豚草被正式指定为美国第七种抗草甘膦的杂草，我们需引起高度重视。

三、三裂叶豚草的生物防治

生物防治是利用杂草的天敌昆虫或病原菌，将影响人类经济活动的杂草种群控制在经济上、生态上或从生态环境角度考虑可以容许的范围内。生物防治是可行的、安全的、可持续的防治措施。成功的杂草生物防治一般分为：一是十分成功，在天敌建立种群的地方无须使用其他防治方法；二是比较成功，以应用天敌为主，目标杂草种群仍然需要用其他方法配合控制，但使用数量可以明显减少，如减少除草剂用量或使用频率；三是部分成功，尽管天敌存在，但控制目标杂草仍需其他方法。

1. 三裂叶豚草生物防治的地区

全世界已有 70 多个国家开展了杂草生物防治，最活跃的 5 个国家为美国、澳大利亚、南非、加拿大和新西兰。其他开展杂草生物防治的国家有亚洲的马来西亚、泰国、印度、印度尼西亚、越南、巴布亚新几内亚、中国、日本等，非洲的乌干达、赞比亚、坦桑尼亚、肯尼亚、加纳、科特迪瓦和贝宁等，南美洲的阿根廷和智利等。在 100 多年的传统杂草生防史中，41 种杂草利用引进昆虫和真菌，3 种杂草利用本地真菌进行生物防治，均获得了成功。随着杂草生物防治工作的进一步开展，关于目标杂草和控草天敌的研究将逐年上升。截至 1998 年，共有 39 个科的 133 种杂草成为生物防治的目标杂草。

美国、加拿大和苏联在 20 世纪 60 年代开始研究三裂叶豚草的生物防治，在三裂叶豚草的原产地找到了 400 多种天敌，部分天敌见表 5-1。现已发现夜蛾、象甲、叶甲、长角象甲等昆虫取食三裂叶豚草的叶、茎和花，尤其豚草条纹叶甲防除三裂叶豚草效果较好，能形成密集的种群，彻底消灭三裂叶豚草。防除三裂叶豚草的病菌有白锈菌、万寿菊叶斑病菌、三裂叶豚草木质部抑制细菌、三裂叶豚草锈菌等。

表 5-1　三裂叶豚草的生物防治天敌

类型	天敌	拉丁名
昆虫	豚草条纹叶甲	*Zygogramma suturalis*
	豚草卷蛾	*Epiblema strenuana*
	豚草夜蛾	*Tarachidia candefacta*
	豚草实蝇	*Euaresta bella*
	豚草蓟马	*Liothips* sp.
	广聚萤叶甲	*Ophraella communa*
病原菌	白锈菌	*Abugo tragopogonis*
	单轴霜霉病菌	*Plasmopara halstedii*
	苍耳柄锈菌三裂叶豚草专化型	*Puccinia xanthii* f. sp. *ambrosiae-trifidae*
	苍耳轴霜霉菌	*Plasmopara angustiterminalis novotelnova*

2. 利用天敌昆虫防治三裂叶豚草

利用天敌昆虫控制杂草是一项高效且安全的生物防治策略。随着杂草生防技术的不断进步，很多利用天敌昆虫防治杂草的实例取得成功。欧美国家于 20 世纪 60 年代开始在三裂叶豚草的原产地搜寻三裂叶豚草的天敌生物，用于入侵地三裂叶豚草的生物防治。在北美洲找到了 17 种豚草属植物的 450 种天敌生物，其中应用较为成功的是豚草条纹叶甲和豚草卷蛾。苏联引进豚草条纹叶甲和豚草夜蛾这两种天敌昆虫，分别防治普通豚草和三裂叶豚草。

中国从 1960 年前后开展天敌昆虫防治杂草的研究，在天敌昆虫防治三裂叶豚草、紫茎泽兰、凤眼蓝和水生花等杂草方面取得了重要进展。20 世纪 90 年代开始，我国先后从国外引进了豚草条纹叶甲、豚草卷蛾、豚草夜蛾、豚草实蝇、豚草蓟马 5 种天敌昆虫用于防治入侵我国的豚草属植物，进行了豚草条纹叶甲、豚草卷蛾的田间释放应用。研究发现，豚草条纹叶甲未能建立达到理想控制三裂叶豚草效果的种群；豚草卷蛾的寄主专一、生态适应性强、释放后种群发展速度快，并能够减少豚草花粉量和种子量，每株有 3 头以上卷蛾虫瘿可造成 50%三裂叶豚草植株死亡，能有效控制三裂叶豚草植株高度和生命力，抑制三裂叶豚草的扩展蔓延，豚草卷蛾在我国湖南省临湘市向日葵种植区释放后，在当地建立了稳定的种群，取得了良好的防治效果（图 5-4、图 5-5）。2009 年，中国农业科学院植物保护研究所在湖南省江永县组织的豚草生物防治技术研究，成功筛选出两种具较强寄主专一性、环境适应性、繁殖力和迁移能力的三裂叶豚草天敌——豚草卷蛾和广聚萤叶甲，建立了两种天敌的规模化繁殖技术和联合控制豚草属植物的技术体系，利用两种天敌控制豚草属植物，植株的死亡率达到了 100%。

菊科豚草属植物是叶甲科昆虫广聚萤叶甲潜在的寄主植物。近年来，先后在日本、韩国、中国等地发现了这种原产于北美洲的豚草天敌，其幼虫和成虫可聚集取食叶片，取食量大，可有效抑制豚草属植物的扩散蔓延（图 5-6、图 5-7）。在日本取食普通豚草的广聚萤叶甲的外来种群数量高于本地种群数量。但广聚萤叶甲并非严格的单食性昆虫，对入侵地非靶标植物存在风险。广聚萤叶甲的蛹冷藏的适宜温度范围在 8～12 ℃，在低温下保存的时间不宜超过 20 d。广聚萤叶甲在我国大陆的潜在分布区向北可到沈阳地区，向南可到南海，华东、华南和西南东部地区是其适宜的分布区域。

3. 利用病原菌防治三裂叶豚草

利用专化性较强的杂草病原微生物防治杂草是一种环境友好型防治策略。Hartmann 等（1980）报道，一种白锈菌（*Abugo tragopogonis*）可以有效控制三裂叶豚草种群规模，受侵染的三裂叶豚草花粉量和种子量分别减少了 99% 和 90%。Vajna 等（2002）在匈牙利中部 18 个地区随机采集病株进行显微镜检后发现，单轴霜霉病菌（*Plasmopara halstedii*）是引发三裂叶豚草大量死亡的主要原因，该病菌的致病专一性还有待于进一步研究。

我国在三裂叶豚草病害调查中，发现了苍耳柄锈菌三裂叶豚草专化型（*Puccinia xanthii* f. sp. *ambrosiae-trifidae*，别称三裂叶豚草锈菌），该菌对三裂叶豚草的专化寄生性较强，只侵染三裂叶豚草，不侵染其他农作物及经济和观赏植物。曲波等（2009）研究发现，三裂叶豚草锈菌冬孢子（图 5-8、图 5-9）在水中 25 ℃下 2 h 即可萌发，24 h 后达到萌发高峰，萌发率为 12%，20～25 ℃、相对湿度 97% 以上、pH 5～7 的条件利于冬孢子萌发。刘绍芹等（2005）从三裂叶豚草上分离了一种三裂叶豚草霜霉菌，也称苍耳轴霜霉菌（*Plasmopara angustiterminalis novotelnova*），其对三裂叶豚草表现出一定致病性、致死性。在湖南豚草发生地，调查豚草上的几种苗期病害，包括幼苗叶片上的叶斑病及根腐病、茎腐病，从叶斑病上分离的病原菌有多主枝孢（*Cladosporium herbarum*）和细链格孢（*Alternaria tenuis*）；从根腐病及茎腐病上分离的病原菌有齐整小核菌（*Sclerotium rolfsii*）、燕麦镰刀菌（*Fusarium avenaceum*）及多主枝孢（*Cladosporium herbarum*）。营养生长期的病原菌，从叶片上分离的有豚草粉孢霉（*Oidium ambrosiae*），其有性世代为二孢白粉菌（*Erysiphe cichoracearum*），此菌在温室栽培的普通豚草上及野外晚秋季节阴雨重露时大流行，植株叶片被白色粉孢子所覆盖。从叶斑病和茎褐斑病中分离的有交链链格孢（*Aliternaria alternata*）、细链格孢、燕麦镰刀菌及齐整小核菌。齐整小核菌引起土传病害，引起普通豚草成片死亡，寄主茎基部、根部、根原及周围土表均为白色菌丝层所覆盖，其后产生大量棕褐色小菌核，但该菌也侵染其他植物，不适合作为野外豚草的生防菌剂。对于花期病害，从侵染的花盘和花粉粒上分离的病菌有细链格孢和多主枝孢，但致病性实验结果都不理想。

苍耳柄锈菌三裂叶豚草专化型对三裂叶豚草表现出了显著的致病性、致死性及专一性，被证明是防治三裂叶豚草的理想生防菌。研究三裂叶豚草锈菌对三裂叶豚草叶片生理生化特性的影响，结果表明锈菌侵染后，三裂叶豚草叶片的相对电导率随病级的增高和侵染时间的延长而上升，超氧化物阴离子自由基含量持续上升，说明锈菌破坏了三裂叶豚草叶片的细胞膜，导致其电解质外渗，影响三裂叶豚草的光合作用，抑制其正常生长。三裂叶豚草锈病发病初期叶片内的丙二醛（MDA）与超氧自由基含量逐渐上升；当发病程度为 3 级时，超氧自由基含量达到最高；4 级时，MDA 含量达到最高，此时锈菌对三裂叶豚草的危害最严重；当发病程度达到 5 级时，由于植物叶片失水过多，部分叶片破碎，导致 MDA 相对含量下降。此外，锈菌侵染后，三裂叶豚草叶片内抗坏血酸（AsA）含量持续上升，而脯氨酸（Pro）含量在发病后期下降，说明在三裂叶豚草与锈菌互作时，AsA 含量虽然增加，但抗性并不明显，而 Pro 可能具有更为重要的作用。因此，三裂叶豚草锈菌的侵入干扰了三裂叶豚草的生理生化反应，这将为深入研究三裂叶豚草锈菌的致病机理、发挥其生物防治潜力奠定基础。曲波等（2009）对三裂叶豚草锈病在沈阳地区的发生和流行规律进行了研究，三裂叶豚草锈病属于喜高温、高湿型病害；该病于 6 月初在沈阳地区开始发病，可持续至 9 月，以7～8月发病最重。人工接种试验结果表明，在 30℃和相对湿度为 96.9％的条件下接种锈菌冬孢子，4 d 后三裂叶豚草即可发病；冷冻保藏（－20℃）可打破冬孢子休眠，在沈阳地区冬孢子是第二年锈病发生的初侵染菌源（图 5-10～图 5-14）。

4. 其他植物替代三裂叶豚草

植物替代是一种生态防除三裂叶豚草的方法，主要通过人工培育具有较强竞争力的有益的或有经济价值的植物与入侵植物进行种间竞争，掠夺入侵杂草赖以生存的空间和资源，从而抑制入侵杂草的扩散和蔓延。用有经济价值的植物取代三裂叶豚草种群，其主要优点有：①替代控制植物一旦定植，便长期抑制三裂叶豚草，甚至消除三裂叶豚草，不必连年防治。②替代控制植物能保持水土，改良土质，涵养水源，提高环境质量。③替代控制植物有直接或间接经济效益，能在短期内收回栽植成本并长期获利。④替代控制植物可使荒芜土地变成经济用地，提高土地利用率。

目前已筛选出10余种对三裂叶豚草具有替代控制作用的植物，分别为紫穗槐（*Amorpha fruticosa*）、沙棘（*Hippophae rhamnoides*）、小冠花（*Securigera varia*）、草地早熟禾（*Poa pratensis*）、菊芋（*Helianthus tuberosus*）、胡枝子（*Lespedeza bicolor*）、紫丁香（*Syringa oblata*）、鹰嘴紫云英（*Astragalus cicer*）、百脉根（*Lotus corniculatus*）、紫苜蓿（*Medicago sativa*）等。关广清等（1995）在沈阳至大连高速公路和沈阳桃仙机场高速公路两旁建设了200 hm^2的三裂叶豚草防治示范区，用紫穗槐、沙棘、小冠花、草地早熟禾、菊芋取代了原来路两侧密集繁茂的三裂叶豚草，将三裂叶豚草的生物量从30 kg/m^2降为0.2 kg/m^2，结实量从每株1 000粒降为10余粒，保护了路基，绿化了公路。有关三裂叶豚草与菊芋之间的生长竞争关系的研究结果表明，菊芋的竞争作用对三裂叶豚草的光合作用具有一定抑制作用，且抑制作用随着混种种群中菊芋密度的增加有增强的趋势，可以有效控制三裂叶豚草地上部分的生长。菊芋对三裂叶豚草造成弱光胁迫，使三裂叶豚草叶片叶绿素的含量下降，光合速率降低，蒸腾作用和水分利用效率受到抑制，气孔导度减小，但胞间CO_2浓度无明显差异，菊芋的光竞争优势是其有效控制三裂叶豚草地上部分生长量的主要原因。另外，黑麦草、无芒雀麦以及塞尔维亚的一种平原菟丝子（*Cuscuta campestris* Yunck.）具有抑制、替代、控制三裂叶豚草危害的作用。各地可结合城市绿化，选用竞争力强的植物对三裂叶豚草进行防控，占领城市空地，在三裂叶豚草易生区种植生存竞争力比它更强的植物予以防治，不失为一种较好的治理方法。

四、三裂叶豚草的检疫管控

检疫是为防止危险性有害生物传出或传入某个国家或地区所采取的预防性措施。随着经济全球一体化，世界各国高度重视进境植物检疫工作，纷纷制定各种植物检疫措施以保护本国不受外来有害生物侵害。各国政府对三裂叶豚草的防控十分重视，我国相当长一段时间将其列入《全国农业检疫性有害生物名单》进行检疫管控，北京市一直将其列入《北京市补充农业植物检疫性有害生物名单》实施检疫控制（表 5-2）。

在进出境检疫中，每年都检出很多批次的小麦、大豆种子中夹带三裂叶豚草种子，因此严把进出境检疫关、实行全面检疫可以阻止外来种的偶然入侵。凡是从国外进口的粮食，必须进行严格检疫，采取全面的生态评估和监测，跟踪监测，监督下脚料处理，防范引进品种的入侵，杜绝其传播蔓延。在进行人为引种前必须认真作好全面的生态评估，并进行引种后的跟踪监测，杜绝检疫性有害生物传播蔓延。同时也要加强国内疫区的农产品检疫，防止三裂叶豚草种子扩散到非疫区。

表 5-2 各国限定三裂叶豚草情况

序号	国家	类型
1	爱沙尼亚	检疫性
2	白俄罗斯	检疫性
3	保加利亚	检疫性
4	俄罗斯	检疫性
5	吉尔吉斯斯坦	检疫性
6	拉脱维亚	检疫性
7	立陶宛	检疫性
8	摩尔多瓦	检疫性

（续）

序号	国家	类型
9	墨西哥	检疫性
10	斯洛伐克	检疫性
11	乌克兰	限定性
12	印度尼西亚	检疫性
13	中国	检疫性

参 考 文 献

关广清，崔松，1995. 经济植物替代控制豚草的研究［J］. 沈阳农业大学学报，26（3）：277-283.

李宏科，李彦宁，1993. 湖南豚草病原菌调查简报［J］. 生物防治通报，9（1）：45-46.

刘绍芹，吕国忠，2005. 三裂叶豚草及三裂叶豚草的综合治理［J］. 西北农林科技大学学报（自然科学版），33（S1）：237-242.

陆秋华，江荣昌，张文明，等，1994. 豚草在南京中心的发生及化学防除技术［J］. 杂草科学（1）：20-22.

曲波，吕国忠，杨红，等，2009. 苍耳柄锈菌三裂叶豚草专化型冬孢子萌发过程及萌发条件的研究［J］，菌物学报，28（3）：385-392.

万方浩，丁建清，1993. 豚草卷蛾的寄主专一性测定［J］. 生物防治通报（2）：69-75.

朱秦，2007. 三裂叶豚草——美国已证实抗草甘膦的第七种杂草［J］. 农药市场信息（14）：32.

DING J Q，EARDON R，WU Y，et al.，2006. Biological control of invasive plants through collaboration between China and the United States of America：a perspective［J］. Biological Invasions，8（7）：1439-1450.

图 5-1　人工机械割除三裂叶豚草

图 5-2　人工割除三裂叶豚草

图 5-3　人工拔除三裂叶豚草

图 5-4　豚草卷蛾取食三裂叶豚草茎部

图 5-5　被豚草卷蛾取食后的三裂叶豚草茎部

图 5-6　取食三裂叶豚草叶片的广聚萤叶甲

图 5-7　被广聚萤叶甲取食后的三裂叶豚草叶片

图 5-8　三裂叶豚草锈菌冬孢子堆

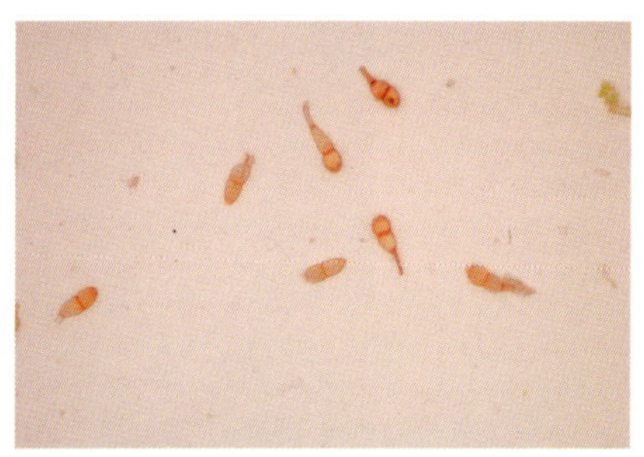
图 5-9　三裂叶豚草锈菌冬孢子

图 5-10　三裂叶豚草锈病叶片初期症状（正面）

图 5-11　三裂叶豚草锈病叶片症状（正面）

图 5-12　三裂叶豚草锈病叶片症状（背面）

图 5-13　三裂叶豚草叶片背面布满锈菌冬孢子

图 5-14　三裂叶豚草锈病

第六章 北京市三裂叶豚草综合防控和治理

一、北京市三裂叶豚草的发生

1987 年北京市首次报道发现三裂叶豚草，发生面积为 2.8 hm^2。2004 年普查发现豚草属植物在北京市发生面积超过 2 000 hm^2，种类有普通豚草和三裂叶豚草，三裂叶豚草面积较大。近年来通过北京市开展的豚草综合防控技术示范和推广，遏制了豚草的大范围蔓延，发生面积减少，但扩散蔓延风险依然很大（图 6-1～图 6-3）。

二、北京市对三裂叶豚草的化学防治

1. 利用百草枯和草甘膦防治三裂叶豚草

三裂叶豚草是检疫性杂草，是严重危害农业生产、生态环境的恶性杂草，不仅严重影响农业生产，而且对人类身体健康造成很大威胁。近年来，三裂叶豚草的发生面积在国内有不断扩大的趋势，合理利用化学农药除草已成为目前亟须解决的问题，为筛选高效、低毒、安全、经济的化学除草剂，2006 年通过在不同地区选用 20%百草枯水剂和 41%草甘膦水剂的不同剂量，对两种不同豚草产生的药效进行了比较，结果表明每亩使用 20%百草枯水剂剂量在 450 mL 以上时，能够在 7 d 后将普通豚草、三裂叶豚草全部杀灭，用药成本平均为 18 元；每亩使用 41%草甘膦水剂剂量在 600 mL以上时，11 d 后对普通豚草、三裂叶豚草的防效能够达到 96%左右，用药成本平均为 33 元。

(1) 材料与方法。

①供试药剂。

20%百草枯水剂(Paraquat，商品名为克无踪，先正达南通作物保护有限公司生产)、41%草甘膦水剂(Gyphosate，商品名为农达，美国孟山都公司生产)。

②防治对象。

普通豚草(*Ambrosia artemisiifolia* L.)和三裂叶豚草(*Ambrosia trifida* L.)。

③试验地点。

试验在北京市房山区三裂叶豚草发生区、门头沟区普通豚草发生较重的荒地分别进行。

④小区试验设计与方法。

小区试验各设 6 个处理，每个处理 3 个重复，每个小区面积为 66.7 m^2，采用 YY-16A_2 型背负式手动喷雾器对水均匀喷雾。每个小区施药量分别为：20%百草枯水剂 60 mL、45 mL、30 mL；41%草甘膦水剂 80 mL、60 mL、40 mL(药后 3 h 内不降雨)。

20%百草枯水剂施药后间隔 1 d、3 d、7 d，41%草甘膦水剂施药后间隔 5 d、8 d、11 d，分别调查两种药剂处理后豚草的生长情况，计算防除效果。

$$株防效=\frac{死亡豚草株数}{施药前豚草株数}\times 100\%$$

(2) 结果与分析。

①20%百草枯水剂防除普通豚草、三裂叶豚草的效果。

从表 6-1、6-2 可以看出，每亩用 20%百草枯水剂 600 mL、450 mL、300 mL，药后 7 d 对三裂叶豚草和普通豚草的防效分别为 100%、100%、97.8%和 100%、100%、97.7%，每亩 300 mL 的防效较低，其余两个剂量防效均为 100%，能将普通豚草、三裂叶豚草全部杀死。其防除效果依次为 600 mL=450 mL>300 mL，考虑到药剂成本等因素，每亩用 450 mL 的剂量对普通豚草、三裂叶豚草的防除效果是最佳的。

表 6-1 20%百草枯水剂防除三裂叶豚草的效果

药剂	每亩剂量/mL	药前豚草数量/株	药后 1d		药后 3d		药后 7d	
			豚草数量/株	株防效/%	豚草数量/株	株防效/%	豚草数量/株	株防效/%
20%百草枯水剂	600	151	13	91.4	2	98.7	0	100
	450	29	5	82.8	3	89.7	0	100
	300	90	21	76.7	14	84.4	2	97.8
CK	0	53	53	0	54	0	59	0

表 6-2 20%百草枯水剂防除普通豚草的效果

药剂	每亩剂量/mL	药前豚草数量/株	药后 1d		药后 3d		药后 7d	
			豚草数量/株	株防效/%	豚草数量/株	株防效/%	豚草数量/株	株防效/%
20%百草枯水剂	600	100	7	93	0	100	0	100
	450	286	19	93.4	6	97.9	0	100
	300	177	20	88.7	8	95.5	4	97.7
CK	0	126	126	0	131	0	143	0

②41%草甘膦水剂防除普通豚草、三裂叶豚草的效果。

从表 6-3、表 6-4 可以看出，每亩用 41%草甘膦水剂 800 mL、600 mL、400 mL，药后 11 d 对三裂叶豚草和普通豚草的防效分别为 96.6%、96.5%、70.6% 和 97.1%、95.8%、86.6%，每亩 400 mL 剂量的防效最低，每亩 800 mL、600 mL 剂量的防效较高，但不能将普通豚草、三裂叶豚草全部杀死。因此，用 41%草甘膦水剂防除普通豚草、三裂叶豚草效果不是最好。

表 6-3　41%草甘膦水剂防除三裂叶豚草的效果

药剂	每亩剂量/mL	药前豚草数量/株	药后 5d		药后 8d		药后 11d	
			豚草数量/株	株防效/%	豚草数量/株	株防效/%	豚草数量/株	株防效/%
41%草甘膦水剂	800	117	90	23.1	13	88.9	4	96.6
	600	201	139	30.8	27	86.6	7	96.5
	400	68	65	4.4	26	61.8	20	70.6
CK	0	83	86	0	86	0	91	0

表 6-4　41%草甘膦水剂防除普通豚草的效果

药剂	每亩剂量/mL	药前豚草数量/株	药后 5d		药后 8d		药后 11d	
			豚草数量/株	株防效/%	豚草数量/株	株防效/%	豚草数量/株	株防效/%
41%草甘膦水剂	800	34	17	50.0	6	82.4	1	97.1
	600	120	30	75.0	8	93.3	5	95.8
	400	172	62	64.0	5	97.1	23	86.6
CK	0	76	73	0	73	0	79	0

③20%百草枯水剂、41%草甘膦水剂对普通豚草、三裂叶豚草的防效比较。

从表 6-5 可以看出，用 20%百草枯水剂防除普通豚草、三裂叶豚草效果较好，随其剂量的增加，防除效果越来越好；当 20%百草枯水剂剂量在每亩 450 mL 以上时，对普通豚草、三裂叶豚草的防除效果可达 100%。41%草甘膦水剂的三个剂量的防效均低于 20%百草枯，并且防除的时间较长。

对表 6-5 中不同药剂和剂量组合的防效进行方差分析，结果 F 值为 6.19，P 值为 0.02（<0.05），因此不同药剂和剂量组合的防效差异显著。

表 6-5　20%百草枯水剂、41%草甘膦水剂对普通豚草、三裂叶豚草防效比较

药剂	每亩剂量/mL	普通豚草	三裂叶豚草
		药后 7d 防效/%	药后 11d 防效/%
20%百草枯水剂	600	100	100
	450	100	100
	300	97.7	97.8
41%草甘膦水剂	800	97.1	96.6
	600	95.8	96.5
	400	86.6	70.6

④20%百草枯水剂、41%草甘膦水剂防治普通豚草、三裂叶豚草的用药成本比较。

从表 6-6 可以看出，每亩用 20%百草枯水剂 600 mL、450 mL、300 mL 防治普通豚草和三裂叶豚草的成本分别为 24 元、18 元、12 元；每亩用 41%草甘膦水剂 800 mL、600 mL、400 mL 防治普通豚草和三裂叶豚草用药的成本分别为 44 元、33 元、22 元，远高于 20%百草枯水剂的防治成本。

表 6-6　20%百草枯水剂、41%草甘膦水剂防治豚草的用药成本比较

药剂	每亩剂量/mL	每亩成本/元
20%百草枯水剂	600	24
	450	18
	300	12
41%草甘膦水剂	800	44
	600	33
	400	22

(3) 小结与讨论。

试验结果表明，使用 20%百草枯水剂剂量在每亩 450 mL 以上时，能够在 7 d 后将普通豚草、三裂叶豚草全部杀灭，用药成本较低，为 18 元以上；使用 41%草甘膦水剂剂量在每亩 600 mL 以上

时，11 d后对普通豚草、三裂叶豚草的防效能够达到96%左右，用药成本较高，为33元以上。

结合国内普通豚草、三裂叶豚草的生物学特性，药剂防治最佳时期为6月底至7月中旬，正值气候多雨，选用20%百草枯水剂剂量为每亩450 mL效果最佳，并且该药属于触杀性除草剂，见效快，受天气影响小，成本低于41%草甘膦水剂。41%草甘膦水剂由于属内吸性除草剂，需经植物吸收后才可将其杀死，若在喷药后遇雨将很难保证药效。

（注：上述化学防治试验为2006年进行，百草枯从2016年7月1日开始禁用。）

2. 利用植物源壬酸水剂防治三裂叶豚草

三裂叶豚草是豚草属中进化程度最高、分布最广、危害最大的种类，因此其防控难度更大，北京市三裂叶豚草面积较大、危害较重。为控制三裂叶豚草的蔓延，国内外报道了很多防控方法，主要包括人工拔除、化学防除和生物控制。其中化学农药防除见效快、成本低，但引起的环境生态问题突出，近年来一些毒性低、残留少的新型植物源除草剂的开发和应用，为豚草属植物的绿色防除提供了新的思路。壬酸（pelargonic acid）是广泛存在于动物和植物中的一种脂肪酸，具有除草、杀虫和杀菌活性，并且广谱、低毒、低残留，已有报道称壬酸对禾本科杂草和阔叶杂草的防效较好，尚未有报道壬酸用于野外三裂叶豚草的防除效果研究。本研究旨在明确北京地区防除野外生长的三裂叶豚草的最适时期，以及筛选出壬酸防除三裂叶豚草的最适浓度和剂量，为三裂叶豚草的防控提供指导。本研究分别于6月下旬和8月上旬两个时期进行，利用5%和10%两个浓度的壬酸水剂对三裂叶豚草进行茎叶喷雾处理，结果表明，北京地区8月上旬为三裂叶豚草现蕾期，此时施药可使其不再有新出苗的植株结籽，为防除三裂叶豚草的最适时期，采用10%壬酸水剂，有效成分每亩用量8 000g、喷液量80 L进行喷雾防治，7 d和28 d后的株防效分别达到94.9%和91.2%；结籽三裂叶豚草仅4.6株/m^2，比对照减少了93.11%；单株种子数量为261.78

粒，比对照减少了 83.73%，产生的种子少，说明防效较好。

(1) 材料与方法。

①试验材料。

供试药剂为 80%壬酸水剂，提取自山竹葵，低毒，由北京绿润浩泰科技有限公司提供。施药器械为手拉式电动喷雾器（WS-25DA）。

②试验方法。

2015 年 6 月 24 日和 8 月 7 日分别用有效成分每亩用量为4 000 g（制剂用量为 5 L）的 5%壬酸水剂和有效成分每亩用量为 8 000 g（制剂用量为 10 L）的 10%壬酸水剂对三裂叶豚草进行茎叶喷雾处理，每亩喷液量为 80 L，并设清水对照。试验共 5 个处理，每个处理 5 次重复（小区），每个小区面积为 24 m^2（3 m×8 m），共 25 个小区。所有小区处理均为随机区组排列。

③调查方法。

每个小区选择三裂叶豚草长势和密度较一致的区域，划定 1 m^2 为调查区域。施药前调查三裂叶豚草的密度，并测量所有植株株高。施药后观察三裂叶豚草中毒症状，调查药后 7 d 和 28 d 残存三裂叶豚草株数，计算株防效。2015 年 10 月 21 日调查处理地块上残存的三裂叶豚草株数，按单株收集残存植株的种子，统计单株种子数量和种子千粒重。

$$株防效=\frac{死亡豚草株数}{施药前豚草株数}\times 100\%$$

④数据分析方法。

数据采用 SPSS 19.0 统计软件 ANOVA 进行分析，差异显著时用 Duncan 法进行多重比较。

(2) 结果与分析。

①三裂叶豚草的生长情况。

试验点位于山谷之中的河流沿岸。试验点三裂叶豚草生长茂盛并形成单一的优势群落（图 6-4）。6 月 24 日，三裂叶豚草处于苗期，平均株高为 39.80 cm，密度为 57.6 株/m^2。8 月 7 日，三裂叶豚草处于现蕾期，平均株高为 147.23 cm，密度为 50.6 株/m^2。

②壬酸对三裂叶豚草植株的影响。

施用不同浓度的壬酸后三裂叶豚草叶片很快开始失绿（图6-5），出现萎蔫症状（图6-6）；施药7 d后叶片基本干枯（图6-7），茎秆上有大量黑色枯斑，大量植株死亡；药后28 d部分三裂叶豚草长出新的侧枝（图6-8）。结果表明（表6-7），于6月份三裂叶豚草植株高度40 cm左右时施药，药后7 d，5%和10%壬酸水剂的株防效相当，分别为77.5%和77.6%；药后28 d两个浓度的株防效差异不显著，但比7 d株防效均有提高，分别提高了21.7%和14.0%；8月份三裂叶豚草植株高度近150 cm时施药，药后7 d和28 d，10%壬酸水剂的株防效明显优于5%壬酸水剂，株防效升高40%多，差异显著。施用5%壬酸水剂，随着植株高度的增加，株防效下降，6月施药与8月施药相比，7 d和28 d株防效分别降低了16.0%和32.1%；施用10%壬酸水剂，随着植株高度的增加，6月施药与8月施药相比，株防效稍有增加但差异不显著。

总体上，当6月份三裂叶豚草高度在40 cm左右时，株防效在77%～95%，5%和10%壬酸水剂的株防效差异不显著；8月份北京地区进入雨季，三裂叶豚草植株迅速长高，株高达150 cm左右，10%壬酸水剂的株防效较好，达到90%以上，差异显著。

表6-7　壬酸对三裂叶豚草株防效的影响

施药时间	药剂浓度/%	有效成分每亩用量/g	株高/cm	密度/（株/m²）	7 d株防效/%	28 d株防效/%
6月24日	5	4 000	（39.27±1.30）bB	53.2	（77.5±5.9）abAB	（94.3±1.3）aA
	10	8 000	（40.32±1.60）bB	62.0	（77.6±5.3）abAB	（88.5±3.0）aA
8月7日	5	4 000	（148.37±4.90）aA	42.4	（65.1±8.4）bB	（64.0±7.5）bB
	10	8 000	（146.09±1.87）aA	58.8	（94.9±1.6）aA	（91.2±3.6）aA

注：表中数据为平均值±标准误。同一列数据不同小写字母表示差异显著（$P<0.05$），不同大写字母表示差异极显著（$P<0.01$）。

③壬酸对三裂叶豚草结籽的影响。

6 月份施药时，三裂叶豚草植株高度在 40 cm 左右，药后部分残存的三裂叶豚草长出新的侧枝，8 月份以后陆续有新的三裂叶豚草出苗，10 月份大量三裂叶豚草结籽，5%和 10%壬酸水剂处理的地块分别有 53.0 株/m^2 和 42.8 株/m^2 产生种子，比对照减少了 20.66%和 35.93%；单株种子数量分别为 1 567.40 粒和 1 048.80 粒，比对照减少了 2.61%和 34.83%；种子千粒重分别为 20.86 g 和 18.70 g，比对照增加了 14.93%和 3.03%。

8 月份施药时，三裂叶豚草植株高度在 150 cm 左右，药后仅有少量残存的三裂叶豚草长出新的侧枝并结籽。5%和 10%壬酸水剂处理的地块中分别有 16.8 株/m^2 和 4.6 株/m^2 产生种子，比对照减少了 74.85%和 93.11%；单株种子数量分别为 237.36 粒和 261.78 粒，比对照减少了 85.25%和 83.73%；种子千粒重与对照相当。10%壬酸水剂处理的地块中单株种子数量比 5%壬酸水剂的多 24.42 粒，结籽的植株数量少 12.2 株/m^2，因此每平方米种子的总量少2 783.46粒。

6 月份施药，药后由于雨季的到来，施药地块大量新的三裂叶豚草植株出苗，加上残存的少量三裂叶豚草植株长出侧枝，使得施药地块的三裂叶豚草密度达到 42.8～53.0 株/m^2，而每株产生上千粒种子，每平方米产生 4 万～8 万粒种子；而 8 月份施药，药后仅有少量残存的三裂叶豚草产生的侧枝结籽（4.6～16.8 株/m^2），没有新出苗的植株结籽，每株产生 200 多粒种子，每平方米产生 0.12 万～0.40 万粒种子，三裂叶豚草的密度和种子量大大降低。

总体上，当 6 月份三裂叶豚草高度在 40 cm 左右时施药，5%和 10%壬酸水剂施药地块都产生了大量种子；当 8 月份三裂叶豚草高度在 150 cm 左右时施药，施药地块的残存植株比对照每平方米减少了 74.85%～93.11%，产生的种子数量较少，因此 8 月份施药的防效较好。另外，8 月份施药后，10%壬酸水剂处理地块的结籽量比 5%壬酸水剂处理地块减少了 2 783.46 粒/m^2，种子数量的多少对于一年生的三裂叶豚草防控非常重要，因此，北京地区在 7 月下旬到 8 月上旬采用浓度 10%壬酸水剂的防控效果较好（表 6-8）。

表 6-8 壬酸对三裂叶豚草结籽的影响

药剂	结籽三裂叶豚草/（株/m²）		单株种子数量/粒		种子千粒重/g	
	6 月 24 日	8 月 7 日	6 月 24 日	8 月 7 日	6 月 24 日	8 月 7 日
5%壬酸水剂	(53.0±6.1) abAB	(16.8±3.1) cC	(1 567.40±292.70) aA	(237.36±24.43) cC	(20.86±0.59) abA	(23.63±1.70) aA
10%壬酸水剂	(42.8±3.8) bB	(4.6±1.2) cC	(1 048.80±182.84) bB	(261.78±36.85) cC	(18.70±0.66) bA	(19.11±0.90) bA
对照	(66.8±7.0) aA		(1 609.40±380.20) aA		(18.15±1.31) bA	

注：表中数据为平均值±标准误。同一列数据不同小写字母表示差异显著（$P<0.05$），不同大写字母表示差异极显著（$P<0.01$）。

（3）小结与讨论。

国内外很多研究表明壬酸作为一种植物源化合物，在除草、疏花疏果等领域具有开发应用价值。本研究结果表明：北京地区 7 月下旬至 8 月上旬，在三裂叶豚草不再陆续出苗、花粉未大量飘散之前，为防除三裂叶豚草的最适时期；采用 10%壬酸水剂（有效成分每亩用量为 8 000 g，制剂每亩用量为 10 L，每亩喷液量为 80 L）对三裂叶豚草进行茎叶喷雾处理，株防效达到 90%以上，能结籽的植株较少，仅 4.6 株/ m²，产生的种子少，单株种子数量为 261.78 粒，防除效果好。本研究结果为野外三裂叶豚草的防控提供了参考依据。

壬酸是广泛存在于动植物体内的脂肪酸，在植物中多以酯的形态存在于精油中，极少数以游离态形式存在，微毒，在水和土壤中易降解且残留时间短，对环境友好，被认为是值得研究开发的新型生物源农药。近年来壬酸的除草作用引起了人们的关注，其具有广谱、速效、触杀和非选择性的作用特点，可有效防除各种阔叶杂草和禾本科杂草，陆续有文献报道了其除草活性、杀草谱、作用机制和应用效果。刘婕等（2012）研究了壬酸制剂对非耕地杂草的防除效果，结果表明 30%壬酸水乳剂（有效成分为 25～40 kg/hm²）对非耕地一年生禾本科杂草、阔叶类杂草以及其他类杂草的田间防治效果良好，除草速度、杀草谱和防效相当于20%百草枯水剂处理，处理7 d后对一年生杂草防效可达85%以上，随着试剂有效成分含量的增加，对各类杂草的防效也明显提升，对环境无明显不良影响。Fallahi等（1997）发现壬酸用作苹果和桃的疏花疏果剂，对苹果和桃的果实都没有造成药害。Lederer等（2004）发现壬酸的除草作用是通过穿透植物的细胞膜，引起光触发的过氧化反应破坏叶绿体，造成叶片的失水褪绿，并且对环境影响小。钱振官等（2010）测定发现30%壬酸水乳剂（有效成分用量为11～23 kg/hm^2）对23种杂草均有良好的防除效果，对阔叶杂草的防效优于禾本科杂草，药后2 h，杂草叶片开始失绿萎蔫；药后24 h，对部分杂草的防效可达90%～100%；药后7 d，禾本科杂草开始长出新的心叶，多年生植物也开始长出新芽，根据这一特性，壬酸可以作为灭生性除草剂在栽前灭茬和果林、非耕地等处应用。壬酸与桉叶油按照质量比（1∶10）～(10∶1）进行配比，再加入助剂复配成乳油剂、微乳剂和水乳剂，对禾本科和阔叶杂草有较好的田间防除效果。本研究发现10%壬酸水剂有效成分每亩用量为8 000 g（制剂用量为10 L）对三裂叶豚草的防治效果好，并未发现壬酸施药地块周边的植物有不良反应。

北京地区的三裂叶豚草在4月底5月初开始出苗，一直到10月中旬结籽，生长周期长达5～6个月。5～6月份苗期防除用药少、成本低，但是后期雨季来临，会有大量新的植株出苗，到10月份形成大量种子；而8月上旬以后，三裂叶豚草进入花期，大量花粉飘散对过敏人群的健康带来危害；8月下旬以后三裂叶豚草产生的种子散落到地里，为今后的防除工作带来困难。对于三裂叶豚草这种一年生杂草，防除的原则是最少成本、最大限度地减少当年植株的结籽量，北京地区的三裂叶豚草在7月下旬至8月上旬基本不再有新出苗的植株结籽，因此在每年的这个时候进行防除效果最好，其他地区还得根据三裂叶豚草的生境、分布、除草剂作用方式等情况选择适宜的防除时期，以达到高效并经济的目的。

壬酸作为一种新型的植物源农药制剂，具有除草、杀虫和杀菌效果，并在剂量低的情况下作为疏花疏果剂应用，在杂草防除、有机农业生产方面有很大的开发利用价值。但壬酸目前在应用时还存在一些问题，例如雾滴飘移、药液挥发、成本较高等；另外本研究发现壬酸处理 7 d 后，很多三裂叶豚草侧枝出芽生长，最后代替主茎横向扩展并产生种子，说明药剂的持效性较短，这与前人研究结果一致。因此还需要进一步对壬酸的剂型、助剂的开发以及配套施药器械等方面开展研究，对壬酸残留和毒理也需要进行深入评价，使其能更安全高效地在杂草防控、有机食品生产方面发挥作用。

（注：截至本书出版，壬酸未登记为农药，本试验仅利用壬酸开展试验研究，未在防除中大面积使用。）

三、北京市对三裂叶豚草的生物防治

1. 苍耳柄锈菌三裂叶豚草专化型对非寄主栽培和野生植物的安全性评价

利用微生物进行生物防治，对环境友好，可持续发挥作用。吕国忠等（2004）发现了寄生于三裂叶豚草上的锈菌中国新记录种——苍耳柄锈菌三裂叶豚草专化型，该锈菌对三裂叶豚草具有较强的致病性，可以使感病植株叶片干枯、花序凋亡，甚至整株死亡；而且该菌的寄主专化性很强，以往研究表明该锈菌只侵染三裂叶豚草，对于供试的同科植物、主要农作物以及野生植物共计 50 多种植物都是安全的。为有效地控制三裂叶豚草在北京的蔓延危害，北京市植物保护站于 2009 年引进苍耳柄锈菌三裂叶豚草专化型防治三裂叶豚草。本研究测定了苍耳柄锈菌三裂叶豚草专化型对与三裂叶豚草同期生长植物的安全性，为更好地开发和利用其生防潜力提供了科学依据。2012—2013 年连续两年在野外对苍耳柄锈菌三裂叶豚草专化型的寄主专一性进行了评价，结果表明，供试的 82 种植物中，小麦和菜豆发生了锈病；野外三裂叶豚草锈病发生地周围的农作物和野生植物中，向日葵、反枝苋和大籽蒿 3 种植物发生锈病，但只有三裂叶豚草锈病的病原菌为苍耳柄锈菌三裂叶豚草专化型，说明苍耳柄锈菌三裂叶豚草专化型寄主专一性强，可用于三裂叶豚草的防控。

（1）材料与方法。

①试验时间与地点。

2012 年和 2013 年在北京市怀柔区宝山寺野外三裂叶豚草锈病发生区域。

②供试植物。

根据 Wapshere 离心系统发生测定序列方法共筛选到 23 科 63 属 82 种植物用于豚草锈菌寄主专一性的测定，包括菊科管状花亚科各族代表性物种 23 种，以及北京地区具有代表性的主要栽培作物和经济植物 59 种，于 2012 年和 2013 年连续两年测定了苍耳柄锈菌三裂叶豚草专化型对共计 82 种植物的安全性。

2012 年和 2013 年每种供试植物分别于 5 月 28 日、6 月 11 日和 6 月 25 日分三批播种于塑料框（30 mm×40 mm×50 mm）内为 1 个处理，每个处理定苗 12 株以上，共设置 3 个处理，即为 3 次重复，放置在 3 个豚草锈病的发生区域。

③三裂叶豚草锈菌的接种方法。

2012 年 7 月 2 日将种植供试植物的塑料框搬至怀柔区宝山寺三裂叶豚草锈病自然发生区域，选取 3 个间隔 100 m 以上的锈病的发生区域，每个区域放置种植供试植物的塑料框各 1 框。

④调查方法。

供试植物发病情况调查：野外移植供试植物后，2012—2013 年连续两年从 7 月 6 日到 10 月 19 日每隔 7 d 调查供试植物的发病情况，连续调查 16 次，并对供试植物上产生的疑似豚草锈病症状的病害进行了鉴定。

野生植物和农作物发病情况调查：对豚草锈病发生区域周边的农作物和野生植物的发病情况进行了调查，包括玉米（*Zea mays*）、高粱（*Sorghum bicolor*）、葱（*Allium fistulosum*）、白菜（*Brassica rapa*）、赤小豆（*Vignau mbellata*）、大豆（*Glycine max*）、葡萄（*Vitis vinifera*）、苹果（*Malus pumila*）、梨（*Pyrus sorotina*）、桃（*Amygdalus persica*）、枣（*Ziziphus juju-*

ba)、葫芦（*Lagenaria siceraria*）、向日葵（*Helianthus annuus*）和黄瓜（*Cucumis sativus*）等农作物，以及白屈菜（*Chelidonium majus*）、圆叶牵牛（*Pharbitis purpurea*）、葎草（*Humulus scandens*）、藜（*Chenopodium album*）、鸭跖草（*Commelina communis*）、狗尾草（*Setaria viridis*）、反枝苋（*Amaranthus retroflexus*）、益母草（*Leonurus japonicus*）和大籽蒿（*Artemisia sieversiana*）等杂草。2012—2013 年连续两年从 7 月 6 日到 10 月 19 日每隔 7 d 调查 1 次，连续调查 16 次，并对农作物或野生植物上发生疑似锈病症状的植物进行病样采集，进行了病害鉴定。

（2）结果与分析。

①苍耳柄锈菌三裂叶豚草专化型对供试植物的影响。

2012 年和 2013 年野外试验结果表明，人工播种的三裂叶豚草和野外自然生长的三裂叶豚草，其叶片上初期产生褪绿斑点，进而在叶背面有黑褐色的孢子堆产生，经显微镜观察鉴定为苍耳柄锈菌三裂叶豚草专化型的冬孢子；供试植物中小麦和菜豆叶片上出现了锈色孢子堆，对这两种孢子进行显微镜观察，结合小麦和菜豆叶片上的病害症状分别鉴定为条形柄锈菌（*Puccinia striiformis*）引起的小麦条锈病和菜豆单胞锈菌（*Uromyces phaseoli*）引起的菜豆锈病；其他供试植物都没有产生疑似锈病的症状，表明苍耳柄锈菌三裂叶豚草专化型对供试的 82 种植物没有影响，其寄主专化性较强。详情见表 6-9。

表 6-9　苍耳柄锈菌三裂叶豚草专化型的安全性测定结果

供试植物	科别	属	侵染症状
三裂叶豚草	菊科	豚草属	坏死
苍耳	菊科	苍耳属	无
向日葵	菊科	向日葵属	无
大丽花	菊科	大丽花属	无
万寿菊	菊科	万寿菊属	无
孔雀草	菊科	万寿菊属	无
除虫菊	菊科	匹菊属	无

（续）

供试植物	科别	属	侵染症状
雏菊	菊科	雏菊属	无
翠菊	菊科	翠菊属	无
金光菊	菊科	金光菊属	无
秋英	菊科	秋英属	无
白晶菊	菊科	茼蒿属	无
黄晶菊	菊科	茼蒿属	无
花环菊	菊科	茼蒿属	无
茼蒿	菊科	茼蒿属	无
金盏花	菊科	金盏花属	无
瓜叶菊	菊科	瓜叶菊属	无
牛蒡	菊科	牛蒡属	无
百日菊	菊科	百日菊属	无
天人菊	菊科	天人菊属	无
小麦秆菊	菊科	小麦秆菊属	无
莴笋	菊科	莴苣属	无
生菜	菊科	莴苣属	无
燕麦	禾本科	燕麦属	无
供试植物	科别	属	侵染症状
谷子	禾本科	狗尾草属	无
高粱	禾本科	高粱属	无
玉米	禾本科	玉蜀黍属	无
小麦	禾本科	小麦属	坏死
荞麦	蓼科	荞麦属	无
葱	百合科	葱属	无
蒜	百合科	葱属	无
韭	百合科	葱属	无
洋葱	百合科	葱属	无
花椰菜	十字花科	芸薹属	无
油菜	十字花科	芸薹属	无
白菜	十字花科	芸薹属	无
甘蓝	十字花科	芸薹属	无

（续）

供试植物	科别	属	侵染症状
萝卜	十字花科	萝卜属	无
菠菜	藜科	菠菜属	无
甜菜	藜科	甜菜属	无
丝瓜	葫芦科	丝瓜属	无
冬瓜	葫芦科	冬瓜属	无
葫芦	葫芦科	葫芦属	无
瓠子	葫芦科	葫芦属	无
西瓜	葫芦科	西瓜属	无
甜瓜	葫芦科	黄瓜属	无
西葫芦	葫芦科	南瓜属	无
南瓜	葫芦科	南瓜属	无
黄瓜	葫芦科	黄瓜属	无
棉花	锦葵科	棉属	无
秋葵	锦葵科	秋葵属	无
蓖麻	大戟科	蓖麻属	无
芝麻	胡麻科	胡麻属	无
豌豆	豆科	豌豆属	无
大豆	豆科	大豆属	无
绿豆	豆科	豇豆属	无
饭豆	豆科	豇豆属	无
豇豆	豆科	豇豆属	无
赤豆	豆科	豇豆属	无
菜豆	豆科	菜豆属	坏死
苜蓿	豆科	苜蓿属	无
花生	豆科	落花生属	无
槐树	豆科	槐属	无
胡萝卜	伞形科	胡萝卜属	无
芹菜	伞形科	芹属	无
茴香	伞形科	茴香属	无
番茄	茄科	番茄属	无
茄子	茄科	茄属	无

（续）

供试植物	科别	属	侵染症状
辣椒	茄科	辣椒属	无
空心菜	旋花科	番薯属	无
鸡冠花	苋科	青葙属	无
牡丹	芍药科	芍药属	无
芍药	芍药科	芍药属	无
月季	蔷薇科	蔷薇属	无
杨树	杨柳科	杨属	无
柳树	杨柳科	柳属	无
栾树	无患子科	栾属	无
臭椿	苦木科	臭椿属	无
白蜡	木犀科	梣属	无
冬青卫矛	卫矛科	卫矛属	无
小叶黄杨	黄杨科	黄杨属	无
马铃薯	茄科	茄属	无

②苍耳柄锈菌三裂叶豚草专化型对周边农作物和野生植物的影响。

2012—2013 年连续两年的调查结果表明，除向日葵、反枝苋和大籽蒿 3 种植物外，其他植物均未发现疑似锈病的症状。对向日葵、反枝苋和大籽蒿 3 种植物叶片上的锈菌进行显微镜观察，经形态鉴定，分别被确认为引起向日葵锈病的向日葵柄锈菌（*Puccinia helianthi*）、引起反枝苋白锈病的婆罗门参白锈菌（*Albugo tragopogi* var. *tragopogi*）和引起大籽蒿锈病的艾菊柄锈菌（*Puccinia tanaceti*）。

（3）小结与讨论。

引进天敌防除杂草的过程中，对非靶标生物的安全性评价是一个不可忽视的问题。本研究在野外三裂叶豚草锈病发生区测试了苍耳柄锈菌三裂叶豚草专化型对 82 种供试植物的致病性，同时还调查了该菌对野外三裂叶豚草锈病发病区域周边多种农作物及杂草的影响。结果显示，苍耳柄锈菌三裂叶豚草专化型有很强的寄主专一性，只能侵染三裂叶豚草，对其他供试的 80 多种植物、试验区周边农作物及野生植物不侵染。本研究结果进一步验证了前人的研究结果，为苍耳柄锈菌三裂叶豚草专化型防治三裂叶豚草的大规模推广应用提供了科学依据。

三裂叶豚草防控工作很重要，但陷入了困境。一方面，由于其种子繁殖数量大、在土壤中存活时间长并随水土流动而扩散，需要逐年不断地防除，防除工作任务重，防除效果得不到保证；另一方面，三裂叶豚草主要分布在水源周边，使用化学除草剂存在隐患，现行的防除措施主要依靠人工割除，在人力所不及的地方，防除遗漏不可避免。因此，寻求三裂叶豚草新的防控途径是必然的选择。苍耳柄锈菌三裂叶豚草专化型能使三裂叶豚草植株百分之百发病，削弱三裂叶豚草种群长势，甚至可导致部分三裂叶豚草植株死亡，并且在野外可完成周年侵染循环，因此是一种对环境友好、对三裂叶豚草可持续发挥控制作用的有益菌。苍耳柄锈菌三裂叶豚草专化型的使用可以作为一种基础措施在豚草防治中推广应用，结合人工防除、除草剂防除形成一套综合技术措施，有望使三裂叶豚草发生密度逐步降低，最终实现完全控制的目标。

本研究表明苍耳柄锈菌三裂叶豚草专化型的寄主专一性很强，这与前人的研究报道相一致，本研究的供试植物共计 23 科 63 属 82 种，比已有报道中测定的植物品种和数量更多，更加验证了该菌的寄主专一性很强；另外，本研究中的接种方法是在野外三裂叶豚草锈病发生区域自然传播侵染，而不是温室人工接种实验，更能说明下一步将苍耳柄锈菌三裂叶豚草专化型在三裂叶豚草发生区域大面积释放时，该菌株对生物群落和生态环境是安全的。今后仍需加大苍耳柄锈菌三裂叶豚草专化型对其他植物的安全性评价工作，定期对豚草锈病发生地周边的农作物、果树、林木等植物进行调查，密切注意病情动态。鉴于北京地区三裂叶豚草防控的严峻形势，苍耳柄锈菌三裂叶豚草专化型可推广用于防控三裂叶豚草，在推广应用时要先试点再铺面，在确认试验点周边的植物安全且不受该病原菌侵染的前提下，再逐步扩大应用范围，以点带面逐步推广。

2. 苍耳柄锈菌三裂叶豚草专化型对三裂叶豚草控制效果的评价

利用豚草属植物的病原微生物控制豚草，对环境友好，可持续发挥作用，但技术不成熟，见效慢，目前没有大面积推广应用。北京市豚草防控主要采用人工割除的方法。2010 年北京市引入三裂叶豚草生物致病菌——苍耳柄锈菌三裂叶豚草专化型进行生物防控，目前三裂叶豚草锈病在接种地周年循环发生。2011—2013 年在北京怀柔宝山寺地区通过野外接菌后定点定株系统调查，探索三裂叶豚草锈病的流行规律，评价苍耳柄锈菌三裂叶豚草专化型对三裂叶豚草的控制效果。结果表明：苍耳柄锈菌三裂叶豚草专化型在北京怀柔宝山寺地区能完成周年侵染循环，6 月初三裂叶豚草开始有感染锈病症状，7 月中旬几乎全部三裂叶豚草植株感病，且开始有整株死亡；苍耳柄锈菌三裂叶豚草专化型对三裂叶豚草有较好的控制效果，该菌抑制三裂叶豚草植株生长，减少种子数量，减轻种子重量，9 月末 30%左右的感病三裂叶豚草植株死亡，死亡植株不能产生种子。

（1）材料与方法。

①供试材料。

苍耳柄锈菌三裂叶豚草专化型菌株由沈阳农业大学提供。

三裂叶豚草植株，北京市怀柔区宝山寺地区野外自然生长。

②接种方法。

2010 年 4 月于日光温室内，将低温春化处理的三裂叶豚草种子播种于花盆中，待豚草植株生长至 3～4 叶后，分别采用涂抹法和喷雾法接种豚草锈菌冬孢子悬浮液，接种后植株保湿培养 3 d（相对湿度为 90%，温度为 25℃）。6 月中旬，待野外三裂叶豚草植株生长至 3～4 叶时，将感锈病的三裂叶豚草植株连花盆一起搬至野外三裂叶豚草发生区，每 100 m^2 区域放置 20 盆感染锈病的三裂叶豚草，共划定 3 个区域。

③调查对象。

2011—2013 年连续 3 年在上述 3 个接种锈菌区域随机选取 100 株三裂叶豚草植株进行定株调查，另外在远离发生豚草锈病地区选取 60 株健康三裂叶豚草植株作为对照，定期记录野外三裂叶豚草锈病发生情况。

④调查方法。

6 月初开始调查锈病发生情况，记录锈病始发期；统计 100 株三裂叶豚草的发病株率、病情指数、病株死亡率；10 月上旬测量单株三裂叶豚草株高、生物量干重，并按单株收集种子，统计种子数量并称重。病情分级标准及病情指数的统计方法参照曲波等(2009)，根据锈病在植株叶片上的发生面积，将锈病危害程度划分为以下 6 个级别。

0 级：全叶无病。

1 级：病斑面积占叶面积的 1/5 以下。

2 级：病斑面积占叶面积的 1/5～1/3（不包括 1/3）。

3 级：病斑面积占叶面积的 1/3～2/3（不包括 2/3）。

4 级：病斑面积占叶面积的 2/ 3～3/ 4（不包括 3/ 4）。

5 级：病斑面积占叶面积的 3/ 4 及以上。

$$病情指数 = \frac{\sum(叶数 \times 病级数值)}{叶数总和 \times 5} \times 100\%$$

⑤数据处理。

数据采用 SAS 9.2 统计软件 ANOVA 进行分析，差异显著时用 Duncan's 法进行多重比较。

（2）结果与分析。

①三裂叶豚草锈病的流行规律。

2011—2013 年连续 3 年对接种过苍耳柄锈菌三裂叶豚草专化型的三裂叶豚草发生地进行调查，发现从 6 月 10 日左右开始有植株零星发病，2011 年锈病的始发期为 6 月 12 日，2012 年锈病的始发期为 6 月 9 日，2013 年锈病的始发期是 6 月 7 日，表明苍耳柄锈菌三裂叶豚草专化型在怀柔地区能够越冬，并且形成周年侵染循环。

②三裂叶豚草植株的发病率和病株死亡率。

2011—2013 年连续 3 年定株、定期调查了北京怀柔地区三裂叶豚草锈病流行情况，结果表明，从 6 月初少量植株叶片上产生褪绿病斑后，感病植株数迅速上升，到 6 月 18 日植株发病率超过 90%，7 月中旬发病率达到 100%（图 6-9）。7 月中旬开始出现感染锈病的三裂叶豚草植株枯萎、死亡现象，死亡植株逐渐增加，到 9 月末病株死亡率达到 30%左右（图 6-10）。

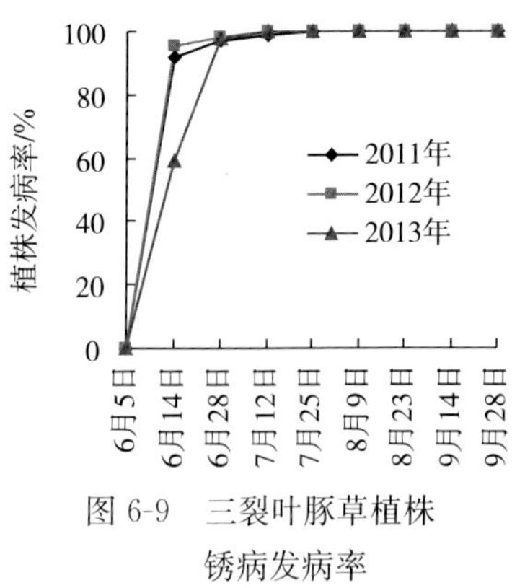

图 6-9　三裂叶豚草植株锈病发病率

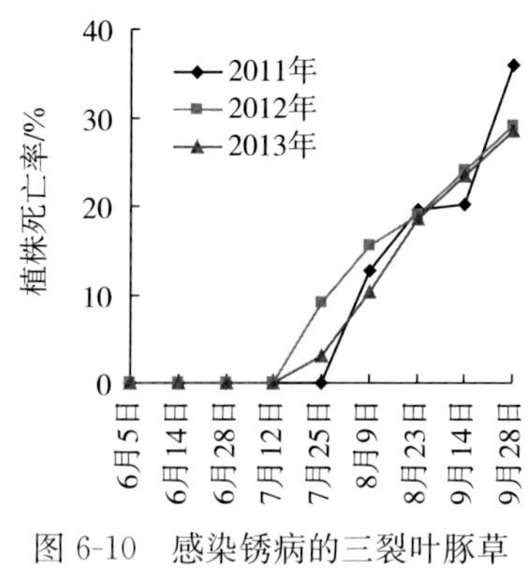

图 6-10　感染锈病的三裂叶豚草植株的死亡率

③三裂叶豚草锈病的病情指数。

通过 2011—2012 年连续两年定株、定期调查自然发生锈病的三裂叶豚草植株发现，病情指数 6 月上中旬较低（为 6～7），后逐渐升高，7 月上中旬开始上升加剧，到 7 月末病情指数达到约 60。2011 年 8 月上中旬开始病情指数平稳增加，到 9 月末病情指数达到 69.17；2012 年 7 月下旬后病情指数持续增长较快，从 7 月 25 日的 64.46 增长到 9 月 28 日的 99.59（图 6-11）。

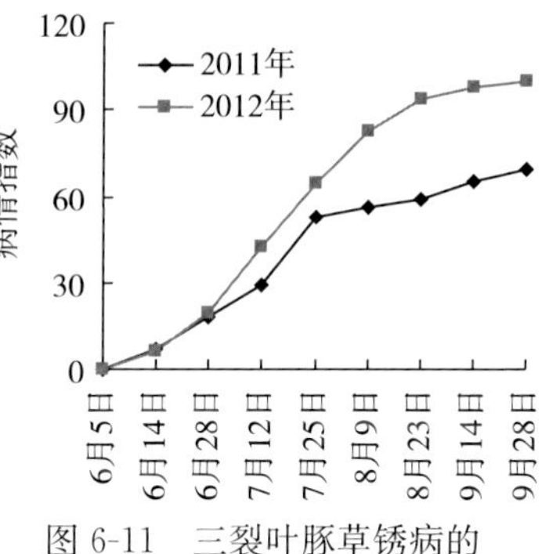

图 6-11　三裂叶豚草锈病的病情指数变化

④苍耳柄锈菌三裂叶豚草专化型对三裂叶豚草株高、生物量及结籽量的影响。

2011—2012 年连续两年定株调查了自然发病的三裂叶豚草植株的株高、生物量干重、单株种子数量和重量等参数，评价了苍耳柄锈菌三裂叶豚草专化型对三裂叶豚草植株的防除效果。由表6-10 可以看出，感病三裂叶豚草和健康三裂叶豚草的株高差异不显著（$P>0.05$），但在数值上，苍耳柄锈菌三裂叶豚草专化型可以使三裂叶豚草株高平均降低 20.68%；感病三裂叶豚草的生物量干重极显著低于健康三裂叶豚草（$P<0.01$），平均减小到 55.82 g，与未感病对照三裂叶豚草相比减小了 81.97%；感病三裂叶豚草的单株种子数量平均仅有 269.75 粒，极显著低于对照（2 343.67 粒，$P<0.01$），与未感病对照三裂叶豚草相比单株种子数量平均减少了 88.49%；感病三裂叶豚草单株产生的种子总重量平均值为 5.32 g，极显著低于对照（52.42 g，$P<0.01$），与未感病对照三裂叶豚草相比单株种子总重量平均减小了 89.85%；感病三裂叶豚草的种子平均千粒重为 18.08 g，与未感病对照三裂叶豚草种子平均千粒重 20.45 g 相比减小了 11.59%，但差异不显著（$P>0.05$）。

表 6-10　三裂叶豚草锈菌对三裂叶豚草植株的影响

	感病三裂叶豚草	健康三裂叶豚草	标准误（*SEM*）	*P* 值	防除效果
株高/cm	235.84	297.33	9.62	0.101 8	20.68%
生物量干重/g	55.82B	309.68A	26.84	0.000 2	81.97%
单株种子数量	269.75B	2 343.67A	172.28	<0.000 1	88.49%
单株种子总重量/g	5.32B	52.42A	4.46	<0.00 1	89.85%
种子平均千粒重/g	18.08	20.45	0.91	0.348 4	11.59%

注：同一行数据无字母或字母相同表示差异不显著（$P>0.05$），不同小写字母表示差异显著（$P<0.05$），不同大写字母表示差异极显著（$P<0.01$）。

（3）小结与讨论。

在杂草发生区引入杂草的病原微生物，并使之长期自然流行，是实现长期、可持续控制杂草种群的重要手段。本研究于 2010 年将苍耳柄锈菌三裂叶豚草专化型引入北京市怀柔区三裂叶豚草发生地后，经调查苍耳柄锈菌三裂叶豚草专化型已经在当地建立种群并形成周年流行，初步探索了三裂叶豚草锈病在北京怀柔的发生规律，并评价了该锈菌对三裂叶豚草的控制效果。研究结果表明，6 月初开始有三裂叶豚草发病，发病植株增长迅速，7 月中下旬植株全部感病；9 月末苍耳柄锈菌三裂叶豚草专化型可以造成近 30%病株死亡，死亡植株不产生种子，这对降低三裂叶豚草种群数量起重要作用；感病三裂叶豚草植株生长受到抑制，株高平均降低了

20.68%，生物量干重、单株种子数量和重量均极显著低于健康三裂叶豚草，未死亡的感病三裂叶豚草因其植株长势较弱，为后期进行人工防除节省了劳动力。因此，苍耳柄锈菌三裂叶豚草专化型在北京怀柔三裂叶豚草控制工作中可以发挥持续有效的作用。

三裂叶豚草锈病发生的环境条件要求高温、高湿（温度为25～30℃、湿度60%以上）。研究表明，在沈阳地区，三裂叶豚草6月开始发病，一直可持续至9月，7～8月是三裂叶豚草锈病的发生高峰期，这一时期正值沈阳雨季，气温较高，锈菌可反复侵染，尤其在夏季雨水较多的年份经常发现大量被锈菌侵染致死的三裂叶豚草植株。本研究选择的试验地点位于山谷之中的河道边，6～9月的气温在23～30℃，且湿度较大，满足三裂叶豚草锈病的发生条件。北京市大部分三裂叶豚草分布在水源地周边，且夏季气温较高，环境条件满足三裂叶豚草锈病发生的要求，其他试验已经证明在房山、密云等区（县）三裂叶豚草发生区域三裂叶豚草锈病可以自然流行，再加上苍耳柄锈菌三裂叶豚草专化型的寄主专一性很强，因此该锈菌在北京市用于防控三裂叶豚草有良好的前景。

三裂叶豚草防除困难的主要原因：一方面是其生物量大，致使人工防除成本高，而生长地环境复杂，有的地方人力无法到达，不能达到当年彻底除治的目标，而其强大的繁殖能力会使种群迅速扩大、蔓延；另一方面是三裂叶豚草种子有休眠期，埋在土壤中十余年的种子仍然可以萌发，而一株三裂叶豚草植株可以产生约5 000粒种子，因此如果通过单一的人工防除达到彻底铲除三裂叶豚草的目标就需要连续数年，甚至十几年，才能使三裂叶豚草的种群密度逐年下降，土壤中残存的种子逐年减少，最终彻底铲除。本研究中，苍耳柄锈菌三裂叶豚草专化型可以导致约30%的三裂叶豚草植株死亡且不结籽，因此将苍耳柄锈菌三裂叶豚草专化型的使用作为一项基础措施用来防除依靠种子传播的一年生三裂叶豚草具有重要意义；然而剩余近70%的感病三裂叶豚草植株仍然产生种子，但比未感病对照三裂叶豚草植株的种子量减少了88.49%。因此三裂叶豚草防控必须采取包含病原真菌防除、人工防除等技术在内的综合防除技术措施。不同的三裂叶豚草生长环境不同，所采取的单项防控措施应有所侧重，其中苍耳柄锈菌三裂叶豚草专化型可以作为基础措施在三裂叶豚草发生地长期应用，对三裂叶豚草锈病发病不理想的地区或年份，应加大人工防除及其他防控措施的力度，目标是当年发生的三裂叶豚草当年铲除，使其不产生新的种子，确保达到最好的防除效果。

参 考 文 献

丁建云，杨得草，崔建臣，等，2014. 苍耳柄锈菌三裂叶豚草专化型对非寄主栽培和野生植物的安全性评价［J］. 植物检疫，28（1）：15-19.

冯莉，田兴山，岳茂峰，等，2011. 15种除草剂对不同生长时期豚草的防效评价［J］. 中国农学通报，27（25）：117-120.

甘小泽，樊丹，姜达炳，等，2005. 豚草化学防治效果的研究［J］. 农业环境科学学报（S1）：258-260.

黄水金，陈琼，陈红松，等，2012. 6种除草剂对豚草的田间防治效果［J］. 植物保护，38（2）：171-174.

刘婕，李良德，姜春来，等，2012. 生物源除草剂壬酸对非耕地杂草的防治作用［J］. 中国农学通报，28（27）：246-249.

吕国忠，杨红，孙晓东，等，2004. 在豚草上发现的一个锈菌中国新记录［J］. 菌物学报，23（2）：310-311.

钱振官，沈国辉，李涛，等，2010. 植物源除草剂壬酸除草活性及其应用技术的研究［J］. 上海农业学报，26（2）：1-4.

曲波，吕国忠，杨红，等，2009. 三裂叶豚草锈病发生和流行规律的研究［J］. 菌物研究，7（3-4）：180-184.

孙备，李建东，2005. 豚草防治研究进展［J］. 农业现代化研究（4）：79-82.

杨新武，仇正华，王筱筱，等，2009. 14种除草剂对豚草的生物活性比较［J］. 浙江农业科学，1（2）：367-370.

张兴，周一万，吴华，等，2016. 一种含壬酸的生物源增效复配除草剂及其制备方法：104186562B［P］.

赵文学，冉永正，王翠萍，等，2004. 济南地区三裂叶豚草发生及防控措施［J］. 植物检疫，18（6）：370-374.

周忠实，郭建英，万方浩，等，2008. 豚草防治措施综合评价［J］. 应用生态学报，19（9）：1917-1924.

BATRA S W T，1981. *Puccunia xanthii* forma specialis *ambrosiae-trifidae*，a microcyclic rust for the biological control of giant ragweed，*Ambrosia trifida* (Compositae)［J］. Mycopathologia，73：61-64.

图 6-1　北京玉米田边的三裂叶豚草

图 6-2　北京河边的三裂叶豚草

图 6-3　北京山林里的三裂叶豚草

图 6-4　施壬酸前的三裂叶豚草群落

图 6-5　喷施壬酸 10min 后的三裂叶豚草

图 6-6　喷施壬酸 1h 后的三裂叶豚草

图 6-7　喷施壬酸 7d 后的三裂叶豚草

图 6-8　喷施壬酸 28d 后的三裂叶豚草（茎秆出现新的分枝）

第七章

豚草植株及花粉过敏

豚草花粉是致敏性极强的气传花粉，花粉量很大，每平方千米的豚草就可以产生十几吨的花粉。以美国为例，每年产生的豚草花粉可达 100 多万 t，是当地夏秋季节最主要的致敏花粉。豚草的花粉粒小而轻，可随风飘散 600 km，当空气中豚草花粉的浓度达到 40～50 粒/m^3 时就可以引起易感人群的花粉症、接触性皮炎、荨麻疹和支气管哮喘病等疾病，豚草花粉在空气中只能存活数小时，但失活的花粉仍然可以引起机体的过敏反应。

一、豚草花粉的形态特征

豚草为雌雄同株的单性花植物，花粉（图 7-1、图 7-2）颗粒小，粒径 18～20 μm；花粉表面较光滑，无黏性，很容易进入上呼吸道引起过敏反应，三裂叶豚草花粉是豚草花粉中致敏性较强的一种。通过显微镜观察发现（图 7-3），豚草花粉赤道面观近圆形，极面观三裂圆形；具有三孔沟，孔在沟的中央，孔椭圆形，可见明显的孔盖；纵长沟细短，有时不太明显；花粉外壁具刺状纹饰，刺长约 1.5 μm，刺基部宽，有微隆起的不规则脊，成熟的花粉颗粒为 3-细胞型。豚草很少产生细胞形态异常或核异常的败育花粉，这也是豚草属植物入侵性极强的原因之一。

二、豚草花粉的监测

不同地区的植物种类差异大，气传花粉的种类构成亦不同。如纽约的气传花粉以树木为主，占花粉总数的 78%；杂草类占

13.8%，其中豚草占5%，是最主要的气传杂草类致敏花粉。我国开展气传花粉监测较晚，最早的记载是1978年在新疆开展的气传花粉调查，截至目前我国气传过敏原的监测网络不完整、致敏花粉预报尚不普遍。研究报道普遍认为我国春季优势气传致敏花粉以树木类居多，如杨树、悬铃木、柏树的花粉；夏秋季优势气传致敏花粉主要以杂草类花粉为主，如蒿属植物、葎草和豚草等的花粉。花粉过敏患者的发病率和症状严重度随花粉浓度的升高而升高或加重，因此开展气传花粉的监测具有重要的临床意义。

1. 豚草花粉监测技术

收集空气中豚草花粉的方法分为被动式采集和主动式采集两类。被动式采集的原理为重力沉降，即空气中的花粉等颗粒物依靠重力的作用沉积在采样装置上，以Durham采样器为代表，将涂满凡士林的载玻片放置在相距7.5 cm的两个圆盘中间，涂凡士林的一面向上，载玻片在空气中暴露一定时间后染色，在显微镜下对花粉等颗粒物进行鉴别和计数，是早期花粉监测研究中使用较多的方法，这种方法受监测区域的气流影响较大，对于终端速率较低的豚草花粉采集效率低。主动式采集是指依靠物理或电力装置收集空气中的花粉，应用较多的有Burkard、Rotorod等。Rotorod的原理是利用转速为2 000 r/min的黏附棒进行机械转动进而收集花粉颗粒物，染色后在显微镜下进行花粉的鉴定和计数，直径20 μm左右颗粒物的收集效率可达90%，非常适合气传花粉的采集，该装置适用于不同环境，便携且价格低廉，是美国国立过敏原管理署（National Allergy Bureau，NAB）要求的花粉监测标准收集装置。

2. 我国豚草花粉的监测

沈阳地区于1978年开展的花粉曝片试验，发现8～10月豚草花粉颗粒数分别为108粒、214粒和90粒，同时期10%的门诊病人出现眼、耳、鼻奇痒等过敏症状，其中一部分人出现胸闷、憋气、咳嗽、哮喘、呼吸困难等加重症状，花粉浸出液皮试试验证明豚草花粉是这些病人的过敏原，这些病人每年呈季节性发作，病情逐年加重。

张文钦等（1989）通过对南京西郊空气中花粉粒的调查发现，春季4～5月和夏秋季8～9月是花粉播散的两个高峰期，春季以松、柏、枫杨、悬铃木和桑属植物等树木类的花粉为主；夏秋季主要是蒿草、豚草、葎草和藜等草本类的花粉。

豚草于20世纪40年代传入青岛，1992年的空气花粉曝片调查发现豚草花粉已成为本地区花粉症的主要病原之一。

湖北黄石地区开展的豚草花粉监测，1995年和1999年分别监测到62粒和428粒豚草花粉，4年后豚草花粉数约是4年前的7倍，而蒿草和向日葵花粉的浓度无明显变化，另外该地区豚草花粉的主要散播高峰期为8～10月，同时期临床花粉过敏患者中豚草花粉皮试阳性率1999年比1995年增加了60.96%。

秦皇岛地区1999年7～10月对空气花粉曝片调查，排在前三位的花粉分别为蒿属植物的花粉（3 659粒，52.03%）、豚草花粉（2 299粒，32.69%）和水烛花粉（1 074粒，15.27%），对应门诊就诊的花粉过敏患者数据发现，花粉过敏患者的就诊时间与豚草花粉的花期同步出现，而豚草花粉的花期过后，大多数患者发病的症状明显减轻或消失，由于该地区豚草花粉位居秋季花粉的第二位，已将豚草花粉列入临床常规吸入组皮试检查，用于临床的诊断和特异性脱敏治疗。

杨炯等（1997）对黑龙江五常地区豚草花粉进行监测，市区豚草花粉数约占全年花粉总数的1.46%，市郊约占2.88%，两地相比差异不显著；实地调查发现，市内的建筑工地、路边沟旁、公园以及郊区大量简陋的窝棚、作坊等处，分布大量豚草，豚草花粉量大，导致豚草花粉症患者逐年增多。

魏庆宇等分别于1983年、1987年、1997年、2006年和2010年，对沈阳地区进行了空气花粉曝片试验，发现豚草花粉数量逐年增高，2010年是1987年的5倍，对应的花粉过敏性疾病发病率也呈上升趋势，且患者有低龄化的趋势。

武汉市2010—2011年对气传花粉进行监测，全年共监测到44种花粉，有两个飘散高峰期：春季3～4月以树木类花粉如桑科、悬铃木属的花粉为主；秋季9～10月以草本类花粉如蒿草、蓬草和豚草的花粉为主。豚草花粉从8月中旬增多，至11月上旬结束，8月中旬至9月下旬共收集到的豚草花粉占全年的94.2%，成为此时期空气中主要的气传致敏花粉。

北京市2007年的气传花粉监测表明，树木类花粉占42%，杂草类花粉占56%，在杂草类气传花粉中，葎草属花粉取代蒿属花粉，成为夏秋季最主要的气传花粉，占杂草类花粉总数的51%，蒿属花粉占31%，豚草花粉所占比例较少，采样标本中仅可见数粒疑似的豚草花粉。

3. 影响豚草花粉监测的因素

气传花粉浓度是指单位面积内监测到的花粉颗粒的数量（粒/mm^2），其受到气候、地理位置、建筑等多种因素影响，处于动态变化之中。不同时间段监测到的花粉浓度数值不同，Ogden等(1969)发现豚草花粉通常在日出时分开始释放，上午9：00～10：00花粉浓度达到高峰，午后花粉浓度开始下降。Barnes等发现晨起4：00～6：00花粉浓度最低，午后浓度最高。2007—2009年对美国华盛顿特区的8～11月豚草花粉监测发现，9月浓度最高，占全年豚草花粉数量的57%，11月花粉浓度最低；豚草花粉浓度从日出到12：30～15：30持续上升，中午的时候达到最高峰，晚上也能监测到相当数量的花粉。

距离豚草花粉来源地越远，花粉浓度越低，距离豚草发生地64 m处监测到的豚草花粉浓度是距1 m处的5%。近期研究发现降雨对豚草植株数量的影响最大，干旱会减少豚草花粉数量，但只在某个时间段对豚草花粉的数量有影响。城市气温和CO_2浓度偏高，使得豚草花期较农村提前，花期长，花粉浓度较高。气流对豚草花粉浓度影响较大，波兰的弗罗茨瓦夫2005—2013年豚草花粉浓度较低，2014年花粉浓度较高，可能与豚草花粉季气流方向由往年的南向或西向改为当年的东向有关，而欧洲东部的乌克兰很有可能是豚草花粉的源头。

三、豚草花粉过敏

花粉过敏称花粉症，又称枯草热，属于 Th2 极化免疫反应，抗体为免疫球蛋白，效应器官是鼻黏膜、眼结膜、支气管黏膜和平滑肌，机体接触花粉变应原后产生 IgE 抗体，花粉抗原与抗体在肥大细胞上发生抗原抗体反应，释放介质，引起毛细血管扩张、组织水肿、分泌活动增强、支气管平滑肌痉挛、嗜酸粒细胞浸润等反应，临床症状主要表现在呼吸系统，通常初发时症状较轻，但可通过每年在花粉季的反复接触逐渐加重，甚至威胁生命。

花粉致敏植物的概念最早出现在 19 世纪中期，John Bostock 提出植物会引起枯草热，随后 Charles Blackley 进行皮试试验，证明花粉致敏植物引起过敏患者的花粉症。20 世纪，美籍华人 King 从豚草花粉中分离提取出抗原 E（AgE），证实花粉症是一种免疫反应，从那时起无论花粉致敏植物致病机理的阐明，还是花粉症的特异性诊断与治疗都有了长足的发展。在美国，花粉症的发病率为 2%～10%；在欧洲的发病率接近 35%。我国关于花粉症的研究始于 20 世纪 50 年代，20 世纪 80 年代以后过敏性疾病的患病率急剧升高。据资料记载，我国的花粉症发病率为 0.5%～1%，高发病区达 5%，即使按照现有资料的最低发病率计算，我国花粉症的患者数量也有千万以上。随着全球气候变暖、城市温室效应和空气污染加重，以及不当的城市绿化建设，使得花粉致敏植物在城市中大量聚集，花粉过敏疾病的发病率越来越高，也越来越受到重视。

1. 我国豚草花粉过敏人群分布

我国豚草分布广泛，其在花期能产生大量致敏性花粉，从而导致易感人群出现过敏反应，如果不加大力度控制其蔓延，豚草引起的过敏患者会越来越多，再过几十年，豚草花粉有可能取代蒿属花粉成为我国最重要的致敏花粉，到那时，我国花粉症患者将成倍增长，这是个非常值得人们关注的问题。

（1）北京地区豚草花粉过敏人群。

20世纪80年代豚草侵入北京，以花粉致敏性极强的三裂叶豚草为主，从2006—2011年的研究报道发现北京地区15%左右的过敏性鼻炎是由豚草花粉引起的。王成硕等（2006）对北京地区554例变应性鼻炎患者进行皮试，阳性率前八位的变应原分别为粉尘螨（64.6%）、屋尘螨（64.3%）、花（28.7%）、杂草（26.5%）、藜（13.7%）、树Ⅱ（13.5%）、豚草（12.5%）、树Ⅰ（12.5%），可见北京地区最主要的变应原为尘螨，但豚草的阳性率也较高。2007年北京市123例蒿属花粉阳性患者中，同时合并豚草花粉阳性的患者有28人，占比22.8%。任华丽等选择265例北京居民中被明确诊断为过敏性鼻炎的成人患者，过敏原检测发现常见过敏原阳性率由大到小排序分别为屋尘螨（40.38%）、粉尘螨（37.36%）、艾蒿（23.02%）、树Ⅰ（21.89%）、猫（18.49%）、穗草（18.11%）、树Ⅱ（17.36%）、蟑螂（16.60%）、豚草（15.85%）、霉菌Ⅰ（13.58%）、狗（12.45%）。2008—2010年北京协和医院变态反应科进行了215 210项次sIgE检测，发现18种常见的吸入性过敏原，即屋尘螨、粉尘螨、蒿属花粉、葎草花粉、链格孢、白蜡树花粉、柏树花粉、豚草花粉、桦树花粉、蟑螂、梧桐花粉、苍耳花粉、屋尘、多主枝孢、狗皮屑、猫皮屑、藜花粉、烟曲霉，其阳性检出量之和占单价吸入物过敏原阳性检出量的95%，常见吸入物过敏原sIgE检测的阳性率多在30%～50%，蒿属花粉最高，达64.4 %，豚草花粉的阳性率为48.0%。赵文明（2011）对北京城区670例变应性鼻炎患者吸入性变应原测试的结果表明，杂草的阳性率最高，达到25.82%；其次为树Ⅰ，阳性率为18.66%；其他依次为树Ⅱ（16.42%）、藜（14.18%）、豚草（13.58%）、松属（5.97%），豚草花粉占有较高的皮试阳性率。

北京地区发现豚草生长至少有40年历史，目前北京城郊仍有豚草分布，面积大概在1 400 hm^2，如果不对豚草进行长期有效地清除和治理，北京地区夏秋季气传致敏花粉的种类构成将会被改写，临床上将会有越来越多的豚草花粉过敏患者，事实上近年来，医院就诊的过敏性鼻炎患者越来越多，这可能与空气中致敏花粉的种类和浓度变化、空气污染等因素有很大关系。尽管2007年的花粉监测中未见豚草花粉在空气中大量散播，但近十几年未见北京地区花粉监测的研究报道，因此有必要开展北京地区空气中花粉的监测工作，明确花粉种类构成和浓度，指导花粉过敏症的临床诊断和治疗。

（2）其他省份豚草花粉过敏人群。

我国于1935年首先发现豚草入侵辽宁，辽宁的豚草花粉过敏人群一直较其他省份多。沈阳在豚草花粉散播的季节，每年有上万人的抗原皮试检测呈阳性。1987年夏凤云等报道沈阳地区豚草花粉症的患病率为2.08%。宋薇薇等（2009）对辽宁地区1 185例变应性鼻炎患者进行皮试发现，有豚草花粉阳性205例、艾蒿花粉阳性168例。通过对2013年8～10月来沈阳解放军第202医院变态反应科就诊的342例花粉过敏患者进行调查，排在前4位的花粉过敏原分别为艾蒿（325例，95.03%）、豚草（154例，45.03%）、葎草（94例，27.49%）、藜草（83例，24.27%），男女比例为1∶1。

我国山东753例儿童哮喘病中由豚草花粉引起的占18.28%。山东青岛502例花粉症患者中，85例为豚草花粉症，占16.93%，发病季节从8月下旬至10月初，与豚草花粉散播季节吻合。邝立等（2010）对广东佛山地区1 560例变应性鼻炎患者进行了变应原皮试试验，阳性反应共1 295例（83.01%），其中豚草208例（占阳性反应的16.06%）、艾蒿166例（占阳性反应的12.82%）。戚宇飞等（2012）对577例支气管哮喘变应原检测发现，排在前三位的变应原是蒿属植物（32.8%）、榆柳树（31.6%）、豚草（26.2%）。那美玲等（2001）对湖北黄石地区的花粉症患者临床观察发现，豚草花粉过敏患者逐年增加，1995年豚草花粉皮试阳性率为41%，1999年上升至66%，而蒿草花粉皮试阳性率则无明显变化，豚草花粉皮试阳性率已超过秋季花粉中含量较高的蒿草花粉，成为该地区主要致敏花粉之一；同时实地考察发现，城区及郊区均有豚草植物生长。豚草花粉也是南京地区哮喘发病的重要过敏原，利用不同植物花粉的提取液给哮喘病人做皮试，结果豚草花粉的阳性率最高，达 61.2%，远远高于花粉浓度较高的法国梧桐和枫杨，说明豚草花粉的致敏性极强，是南京地区哮喘病人的重要过敏原。太原市 147 例支气管哮喘患者血清中 7 种花粉的 IgE 抗体检测结果表明，33 人（22.4%）IgE 抗体呈阳性，蒿属花粉 IgE 抗体阳性的人数最多，有 27 人，占阳性患者的 81.8%；豚草花粉 IgE 抗体阳性的人数次之，有 19 人，占阳性患者的 57.6%。湖北黄石地区对过敏病人临床调查发现，1995 年豚草花粉皮试阳性率为 41.3%，2000 年上升至 65.8%，且 141 例豚草花粉皮试阳性的病人多在 8～10 月份发病或病情加重，与当地豚草的开花期相吻合。对承德 116 例病因不明的荨麻疹患者的吸入性过敏原进行检测，总 IgE 阳性率为 97.41%，过敏原阳性率排在前三位的依次为蒿树植物（21.55%）、豚草（14.66%）、真菌（13.80%）。

2. 豚草花粉与其他抗原的交叉反应

由于进化上的保守性，同科不同属种的植物花粉，其过敏原之间拥有一些共同的结构特征，引起广泛的交叉抗原，这类蛋白质又称为泛过敏原（panallergen）。太原市 147 例支气管哮喘患者血清中七种花粉 IgE 抗体检测结果表明，对单种花粉 IgE 抗体阳性的患者仅有 5 人，占 3.4%，对多种花粉 IgE 抗体阳性的患者有 28 人，占 19.0%，说明大部分花粉过敏患者不只对一种花粉过敏，这跟过敏原之间存在广泛的交叉抗原有很大关系。吴晓曼等（2004）通过 Western blotting 实验，证实了豚草花粉和艾蒿花粉变应原之间存在交叉反应。2007 年对北京 123 例花粉过敏患者的临床调查中发现，在豚草花粉阳性的患者中，均同时显示蒿草花粉阳性，进一步研究表明三裂叶豚草、大籽蒿花粉约 12 ku 的小分子蛋白之间存在交叉反应，但其主要致敏蛋白分子之间不存在交叉反应。国外的花粉过敏人群临床调查中也发现了类似的问题，在奥地利，蒿草敏感性跟豚草敏感性显著相关，有 93%对蒿草花粉敏感的患者同时对豚草花粉敏感。

基因克隆结合生物信息学方面的研究表明，克隆豚草花粉泛过敏原同源基因，获得了 3 个新的全长基因，所得 3 个克隆以极小的距离优先聚类成簇，并与数十种不同种属来源的过敏原肌动蛋白结合蛋白（profilin）具有较高的同源性，初步认定其为泛过敏原，Northern 杂交证实该基因在花粉中表达。豚草花粉变应原作为一类泛过敏原可能与其他物种来源的 profilin 之间存在交叉反应，推测过敏原的交叉反应可能在较大范围内发生，从而使得过敏人群始终处于过敏原动态网络的包围之中，极其容易引发过敏性疾病，也在很大程度上增加了过敏人群的数量。

3. 豚草花粉的致敏原成分

豚草花粉最主要的致敏成分是蛋白质，其中包含主要变应原、次要变应原及其他多种杂蛋白成分。目前国内外对豚草花粉致敏蛋白组分的研究报道结果不尽相同，已经发现大约有 20 种不同的抗原成分。分离纯化花粉中蛋白成分、鉴定主要致敏蛋白组分、确定其变应原性质极其重要，不同地区可以根据本地区变应原的特点制备出相应的制剂，以便对本地区变态反应性疾病进行更有针对性的诊断和治疗。

国内外学者已经鉴定出了一部分豚草花粉致敏蛋白。Roebber 等（1983）发现短小豚草花粉的粗提液中含大约 50 种抗原和蛋白质，其中约 22 种为变应原，AaBA（36.5 ku）和 Ra 6（8 ku）具有较强免疫原性。吴晓曼等（2004）通过聚丙烯酰胺凝胶电泳（SDS-PAGE）分离得到了 5 种豚草花粉的抗原，相对分子质量分别是 18 000、27 000、38 000、42 000 和 63 000。对锦州地区豚草花粉致敏蛋白组分进行分离、鉴定，发现锦州地区豚草花粉有 30 余条蛋白区带，主带有 14 条，主要致敏蛋白组分的相对分子质量为 63 000、40 000 和 36 500。与国内其他研究报道相比较，未发现相对分子质量为 18 000 与 27 000 的变应原蛋白，其他蛋白基本吻合，但与国外研究结果略有不同，说明豚草花粉致敏成分存在地域差异，临床还应根据本地区变应原的特点，制备出相应的变应原制剂。

4. 豚草非花粉组织的过敏性

通常认为直径大于 10 μm 的颗粒不能进入下呼吸道，而豚草花粉的直径一般为 20 μm，似乎难以进入下呼吸道而致哮喘发病。同时人们还发现在豚草的开花期前后仍有豚草花粉症患者发病，对此的解释之一是认为豚草的非花粉组织亦具有过敏性。国外不少学者的研究发现豚草的非花粉组织，包括种子、茎叶和根等亦具有致敏性，豚草在其生长繁殖过程中及枯萎后散发的微小颗粒可被吸入而致哮喘患者发病。Rebhun 等（1954）分析了巨豚草的花粉、茎叶和种子三种不同组织的抗原相关性，发现三者之间存在相同的过敏原性，其变应原性的强弱顺序为花粉＞茎叶＞种子。Shafiee 等（1973）在矮豚草的茎叶中发现有部分 AgE 活性，而 AgE 是豚草花粉中主要的过敏原成分。Agwarwal 等（1984）采集豚草除花粉外各部组织，利用微量放射性变应原吸附抑制试验和直接皮肤过敏试验等试验证明豚草的非花粉部分具有 AgE 活性，认为豚草非花粉组织具有过敏件，其碎屑小、在空气中播散时间长，可被吸入下呼吸道致哮喘病发。张劲松等（1993）也证实了豚草非花粉组织在哮喘发病中的致敏作用，44 例豚草花粉皮试阳性的秋季哮喘患者中，非豚草花粉组织浸出液皮试阳性有 39 例，阳性率为 88.6%，而豚草花粉皮试阴性的 30 例哮喘病人中，非花粉组织浸出液皮试仅有 4 例阳性，阳性率为 13.5%，花粉皮试阳性组与花粉皮试阴性组间，非花粉组织浸出液皮试结果有极显著性差异（$P<0.01$），20 例正常人非花粉浸出液皮试试验均呈阴性反应，则排除了该浸出液的非特异性刺激作用。

5. 影响豚草花粉症的因素

近年来花粉症的发病率呈明显上升趋势，以发达国家更为突出，这与工业化的发展增速、城市化进程加快、空气污染加重、全球气候变暖、城市绿化建设以及人们工作生活方式改变等因素有关。

（1）空气污染与豚草花粉症。

空气污染能够加重花粉症病情。空气污染分为两种类型，Ⅰ型空气污染包括大量 SO_2 及尘土；Ⅱ型污染主要指石油产品燃烧所产生的废物、可挥发有机成分、臭氧以及一些悬浮颗粒，其中柴油机排放颗粒（DEPs）属于Ⅱ型污染。研究表明，Ⅰ型污染与气道炎症、高反应性相关；Ⅱ型污染与过敏性疾病相关。

空气污染物或作为花粉载体，或通过改变致敏花粉的化学成分和外部形态等方式，加重花粉症症状。如 DEPs 可通过物理接触使花粉颗粒破裂，花粉过敏蛋白释放，DEPs 还作为花粉载体使其释放入空气，加速了致敏蛋白对气道的渗透，DEPs 直径小于 0.1 μm，使它们可轻易地渗透入呼吸道，甚至到达下呼吸道。DEPs 和豚草花粉的混合物会诱发更多豚草花粉专一性的 IgE、IgG4 以及过敏反应相关的趋化因子，人体先吸入豚草花粉再吸入 DEPs 会较单独吸入豚草花粉时出现更强烈的过敏反应。

空气污染颗粒物可造成机体细胞氧化损伤。有研究表明豚草花粉和燃煤飞灰颗粒物均可造成 CHL 细胞的氧化损伤，并且当豚草花粉和燃煤飞灰颗粒物联合作用时，花粉和颗粒物混合物染毒组的 MDA 含量有升高（$P<0.05$），说明对比花粉单一染毒，大气颗粒物和花粉的混合物对机体的氧化损伤作用更强，进而使花粉症的发病率升高或症状加重。

（2）温室效应与豚草花粉症。

全球气候变暖导致温室效应，使豚草花期提前，据统计，豚草花期每年提前 0.84～0.90 d；温室效应还使花期延长，散粉期也显著延长，而且越往北延长的天数越长。温室效应下大气中 CO_2 水平升高，植物光合作用增强，水的需求量以及繁殖量均大大增加，这些都会促进植物的生长繁殖，对农业的发展有益，但是对于花粉症患者来讲，这并不是好消息，因为 CO_2 浓度升高会导致豚草花粉产生量上升，CO_2 浓度升高一倍时豚草花粉产生量可升高 61%，从而使花粉症发病率上升和过敏症状加重。

（3）城市居民工作和生活方式的改变与豚草花粉症。

城市居民广泛接种免疫疫苗和抗生素的大量使用，可限制 T 细胞激活并导致 Toll 样受体的表达水平下降，从而降低机体对过敏原的抵抗作用。城市居民饮食结构发生了变化，摄入脂肪、蛋白质和抗氧化剂食品的比例较过去明显升高，这种饮食结构导致城市居民超重和肥胖人群的比例显著升高，肥胖是花粉症的致病因素之一。另外，花粉在空气中的垂直分布并不均匀，15 m 以上高空空气中的花粉浓度显著高于 10 m 以下，因此城市中居住于 4 层楼以上的居民中花粉症的患病率较高。

四、展望

豚草是世界性的恶性杂草，许多国家将其列为检疫对象，我国将其列入《中华人民共和国进境植物检疫性有害生物名录》和《全国农业植物检疫性有害生物名单》(2007)。我国进境检疫中，曾在进境的果蔬、粮谷、种苗、其他非植物产品和集装箱等多批次货物中检出豚草。鉴于豚草对生态环境和人体健康的严重危害，将其列入《北京市农业植物检疫性有害生物补充名单》进行检疫管控。

目前，豚草在全国的 20 多个省（自治区、直辖市）发生，扩散蔓延严重，这些地区大量生长的豚草，每年秋季散发大量的豚草花粉，使得花粉症发病率逐年上升，尤其是随着气候变暖，豚草的生育期延长、花期提前、空气中花粉浓度升高，使得豚草花粉过敏人群数量激增，过敏症状加重；加上近年来空气污染严重，氮氧化合物、引擎废气及灰尘等污染颗粒物会侵犯呼吸道，增加呼吸道黏膜的通透性，促进花粉抗原进入，引发呼吸道过敏疾病，对此现状应引起农林、医学、环境保护等各领域的密切关注。

气传花粉监测的结果一般是监测点周围存在多种花粉、灰尘等颗粒混合物，有些地区监测到的豚草花粉少，但是该地区豚草花粉症患者多，如北京 2007 年气传花粉监测中发现的豚草花粉很少，只有数粒疑似，但临床豚草花粉症患者占比 22.8%，说明豚草在该地区并未大规模扩散，但是在局部地区有豚草分布，或豚草花粉经远距离传播后改变形态，从而不易被监测到。2016—2018 年北京协和医院门诊花粉症患者中豚草花粉致敏比例维持在 26%～29%的较高水平，尤其是气候变暖和空气污染更加剧了豚草花粉症患者的症状，对此现状应引起农林、医学、环境等各领域的重视。长期开展气传花粉监测，研究花粉监测技术，明确花粉种类构成、浓度和变化，尽快完善气传花粉监测网络，实时发布气传花粉尤其是致敏花粉种类和浓度的预报，对临床花粉症的诊断和治疗、园林绿化选种、杂草防除、生态保护等方面有重要指导意义。

豚草花粉的主要致敏成分是蛋白质，目前已鉴定出的花粉主要致敏蛋白有 20 多种，国内外不同地区豚草花粉的主要致敏蛋白有差异，对儿童豚草花粉过敏性鼻炎的研究发现，寻找引起过敏的原因、利用抗原特异性的免疫疗法对豚草花粉过敏性鼻炎的治疗更有效，而不仅仅是缓解过敏症状。因此，临床上要根据本地区豚草花粉的变应原性质，研究并开发相对应的抗体，用于当地豚草过敏疾病的诊断和治疗。另外，不同致敏花粉之间存在过敏交叉反应，因此从根本上清除豚草，结合环境污染治理、气传花粉监测预报、豚草花粉致敏成分鉴定以及临床诊断和治疗等方面开展多学科多领域的广泛紧密合作，共同对致敏蛋白的结构、免疫识别机制、变应原基因克隆、变应原快速检测试剂、DNA 疫苗等方面开展深入研究，将大大减少豚草和豚草花粉过敏的危害。

参　考　文　献

韩立芬，田海义，郭志敏，等，2001. 秦皇岛地区豚草花粉与其花粉症的关系探讨［J］. 河北医药，23（1）：59-60.

胡颖钊，那美玲，张鹰，2002. 豚草花粉症及其相关因素调查［J］. 护理学杂志，17（8）：589-590.

江盛学，朱晓明，李全生，等，2014. 辽宁地区主要致敏花粉的相关研究［C］. 中华医学会 2014 年全国变态反应学术会议.

邝立，冯惠玲，梅晓峰，等，2010. 广东佛山地区 1 560 例变应性鼻炎患者变应原皮肤点刺结果分析［J］. 临床耳鼻咽喉头颈外科杂志，24（5）：229-230.

刘芳，2011. 太原市中心区域空气中花粉的播散规律及支气管哮喘患者血清特异性 IgE 抗体检测［D］. 太原：山西医科大学.

刘玲，肖小军，李兵，等，2014. 三裂叶豚草花粉致敏蛋白组分的分离、纯化及鉴定［J］. 中华临床免疫和变态反应杂志，8（1）：15-17.

鹿道温，丁宝君，1992. 青岛地区空气中豚草等常见花粉及其致敏性的调查［J］. 中华预防医学杂志，26（4）：216-218.

那美玲，李彬，周军，2001. 黄石地区豚草花粉分布及临床致敏性研究［J］. 中华微生物学和免疫学杂志（S2）：55-56.

戚宇飞，刘辉，吐尔逊古力·布尔汗，等，2012. 乌鲁木齐市 577 例汉族、维吾尔族支气管哮喘患者变应原检测及相关性分析［J］. 国际呼吸杂志，32（9）：686-688.

宋薇薇，高军，冯晓娟，等，2009. 辽宁地区变应性鼻炎过敏原调查及其临床意义［J］. 中国中西医结合耳鼻咽喉科杂志，17（1）：46-47.

陶爱林，何韶衡，2004. 豚草花粉泛过敏原同源基因克隆与序列分析［J］. 中华微生物学和免疫学杂志，24（3）：169-173.

王成硕，张罗，韩德民，等，2006. 北京地区变应性鼻炎患者吸入变应原谱分析［J］. 临床耳鼻咽喉头颈外科杂志，20（5）：204-207.

王泓鸥，2015. 大气颗粒物与花粉联合氧化损伤作用研究［D］. 天津：天津医科大学.

王清菊，孙爱荣，2003. 753 例儿童哮喘与吸入性变应原的关系［J］. 实用医技杂志，10（5）：538-539.

王瑞琦，张宏誉，2012. 20 万项次过敏原特异性 IgE 检测结果［J］. 中华临床免疫和变态反应杂志，6（1）：18-23.

魏庆宇，朱晓明，李全生，等，2013. 豚草花粉调查及其致敏性研究［C］. 中华医学会 2013 年全国变态反应学术会议东亚变态反应论坛.

吴晓蔓，黄妩姣，2004. 艾蒿花粉与豚草花粉的抗原成分分析［J］. 广东医学，25（10）：1136-1138.

谢水祥，朱清仙，邬玉兰，等，2010. 豚草花粉过敏原的分析、鉴定与纯化［J］. 广东医学，31（16）：2069-2071.

辛嘉楠，欧阳志云，郑华，等，2007. 城市中的花粉致敏植物及其影响因素［J］. 生态学报，27（9）：3820-3827.

杨炯，李耀华，鲜云艳，等，1997. 武昌地区豚草花粉症研究［J］. 植物科学学报，15（3）：281-282.

姚丽娜，2009. 应用容量法监测花粉浓度及花粉过敏原交叉反应的研究［D］. 北京：中国医学科学院北京协和医学院.

张劲松，王凯萍，张文钦，等，1993. 豚草非花粉植株的致敏性探讨［J］. 南京医科大学学报（自然科学版）(3)：222-224.

张文钦，王凯萍，张劲松，等，1989. 南京西郊空气中花粉调查及豚草花粉致喘过敏性研究［J］. 江苏医药（8）：428-430.

ACKERMANN-LIEBRICH U，SCHINDLER C，FREI P，et al，2009. Sensitisation to Ambrosia in Switzerland：a public health threat on the wait［J］. Swiss Medical Weekly，139（5-6）：70-75.

SPIEKSMA F T，KRAMPS J A，et al，1990. Evidence of grass-pollen allergenic activity in the smaller micronic atmospheric aerosol fraction［J］. Clinical & Experimental Allergy，20（3）：273.

YAGAMI T，2002. Allergies to cross-reactive plant proteins. Latex-fruit syndrome is comparable with pollen-food allergy syndrome［J］. Int Arch Allergy Immunol，128（4）：271-279.

YE S T，ZHANG J T，QIAO B S，et al，1998. Airborne and allergenic pollen grains in China［M］. Beijing：Science Press：1-5.

ZISKA L，KNOWLTON K，ROGERS C，et al，2011. Recent warming by latitude associated with increased length of ragweed pollen season in central North America［J］. Proceedings of the National Academy of Sciences of the United States of America，108（10）：4248-4251.

图 7-1　豚草的花冠破裂散出花粉

图 7-2　豚草的花粉覆盖叶片

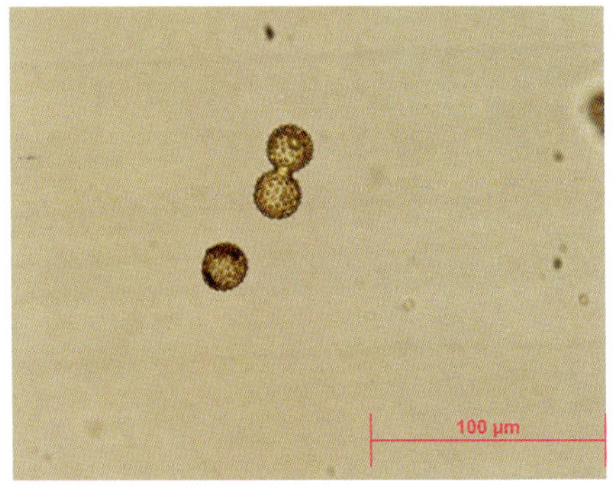

图 7-3　三裂叶豚草花粉的显微观察（400 倍）